KB171098

나도 풍수(風水)가 될 수 있다

생활과 풍수

洪 淳 泳 지음

나도 풍수(風水)가 될 수 있다

생활과 풍수

洪 淳 泳 지음

華山文化

머 리 말

풍수지리(風水地理)는 우리 조상들의 오랜 생활 경험을 통하여 체득한 소중한 생활 과학(科學)이요 지혜(智慧)다.

인간이 자연을 변화시켜 나가는 것을 과학이라고 한다. 과학이 발달할수록 인간의 생활은 편리해지고 윤택해진다. 그러나 인간은 원래 자연이 자연 상태 그대로 남아 있기를 바라며 자연 속에서 안식을 찾는다.

과학이 인간의 생활을 편리하게 하는 것도 사실이지만 그로 인해 자연이 병들어 황폐해지면서 인간의 삶도 과학으로 어떻게 치유하거나 예방할 수 없는 자연 재해와 질병과, 그리고 정신적 갈등을 겪게 된다. 이것이 20세기 말에서부터 21세기에 걸쳐 지구촌 전 인류가 겪는 공통된 과제이기도 하다.

인간이 보다 건강하고 행복한 삶을 살아가기 위해서는 우선 자연 친화적인 사고와 생활 환경을 찾아 나서야 한다. 이러한 관점에서 풍수지리에 대한 관심이 그 어느 때보다 높다고 하겠다.

필자는 30년 간의 공직생활을 마치고 동양문화연구원을 설립해 풍수지리 특강을 시작하면서 주변의 요청도 있고 하여 풍수지리의 기본적인 내용과 함께 관련된 장법(葬法), 방위(方位), 택일(擇日), 수리길흉론(數理吉凶論)이 모두 수록성리된 책을 쓰기로 마음먹었다. 지난 해 가을에 초고를 끝냈으나 여러 가지 사정으로 미루어 오다가 이번에 화산문화(華山文化)의 배려와 관심에 힘입어 이 책을 출판하게 되었다.

화산문화의 허만일(許萬逸) 사장님과 원고 정리와 편집을 맡아주신 김진(金珍) 선생님에게도 고마움을 전한다. 아울러 이 분야에 관심 있는 모든 분들의 아낌없는 질정과 함께 다소나마 도움이 되었으면 한다.

　앞으로 더 많은 사랑과 지도편달을 바라면서 더욱 정진해서 보다 충실하고 즐거운 내용으로 독자 여러분과 만날 것을 약속드린다.

2001년 6월 30일

북한산 백운대 아랫마을 三松軒에서

동양문화연구원 원장 靑山 洪 淳 泳

차 례

머리말

제1장 풍수지리(風水地理)란 무엇인가 · 21

제 1 장

풍수지리(風水地理)란 무엇인가

1. 풍수사상(風水思想)과 역(易)의 기원

　풍수(風水)란 자연 그 자체이다. 사람은 자연에서 태어나 자연 속에서 살다가 생을 마감하게 되고, 이때 정신은 하늘나라로 올라 가고 뼈만 땅에 묻혀 자연의 품속으로 되돌아간다.

　이때 땅 속을 흐르는 기(氣)를 땅에 묻힌 부모의 본해(本骸)가 받게 되고 그의 자손은 부모의 유체(遺體)이기 때문에 그 기(氣)에 의해 영향을 받는다. 이를 생기(生氣)와 감응(感應)이라 했고, 이 두 가지가 풍수의 본질이다. 즉 아버지와 아들은 같은 기, 즉 동기(同氣)를 가지고 있기 때문에 생기감응이란 동기감응으로 귀착한다.

　이와 같이 풍수사상은 주역의 태극사상과 음양오행의 상생상극원리에 의거 수천 년 동안 우리의 생활 속에 용해된 문화이다.

　역(易)은 지금으로부터 5000여 년 전 중국의 황하 유역인 하수(河水)에 나타난 용마(龍馬)의 등에 있는 55개의 점(河圖)을 보고 복희(伏羲)씨가 우주만물의 생성이치를 깨달아 천(天)·지(地)·인(人), 삼재(三才)의 도를 형상하여 팔괘를 그으니 이것이 역의 시원(始原)이다.

　그 뒤 하우(夏禹) 때 낙수에 출현한 신구(神龜)의 등에 45개의 점으로 그려진 낙서(洛書)의 이치를 깨달아 문왕(文王)이 후천 팔괘와 64괘의 차례를 정하고 괘마다 글로서 뜻을 풀이하니 비로소 문자로 된 역(易)이 시작되었다.

　그 뒤 문왕의 아들인 주공(周公)이 문왕의 역을 계승하여 각 괘의 효마다 효사(爻辭)를 붙이니 주역 384효에 대한 경문(經文)이 이루어졌고 춘추 말엽 공자(孔子)께서 십익(十翼)으로 역을 찬술 보익하니 오늘날의 역이 완성되었다.

역에는 태극(太極)이 있다. 태극이 양의(兩儀)를 낳고 양의가 사상(四象)을 낳고 사상이 팔괘를 낳는다. 태극이 곧 역이며 역이 곧 태극이다. 태극은 만유의 근본으로 만물이 나고 돌아감이 모두 이로 인한 것이다. 태극에는 만물을 모두 포함한다는 공간적(空間的)인 뜻과 처음부터 끝까지를 포함하는 시간적(時間的)인 뜻이 함께 있다.

태(太)자에는 태극이 음양을 낳는다는 뜻과 음양으로부터 분리될 때 태극의 씨앗이 숨어있음을 보여주고 있다. 좌(左)에 있는 양은 씨앗을 보유하고 우(右)에 있는 음은 씨앗을 받아 수태하므로 좌의 양에 태극의 씨앗인 '점(·)'이 찍혀 있다.

이것은 태극이 음양을 낳고 음양이 태극을 보유하는 것을 알 수 있으며 나아가 태극이 일원적 이원론(一元的二元論)임을 알 수 있다. 즉, 태극의 분화를 체(體)로 한 역(易)이 일원적 이원론이다.

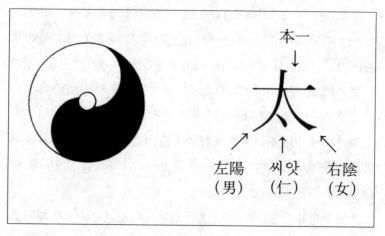

本一

太

左陽   씨앗   右陰
(男)   (仁)   (女)

太자의 분석도

괘별 구분	1	2	3	4	5	6	7	8
괘 상	☰	☱	☲	☳	☴	☵	☶	☷
형 상	天	澤	火	雷	風	水	山	地
팔괘	乾	兌	離	震	巽	坎	艮	坤
사 상	태양(太陽)		소음(少陰)		소양(少陽)		태음(太陰)	
양의	양(陽)				음(陰)			
태극	태극(太極)							

복희씨 8괘도

2. 음양오행(陰陽五行)의 상생상극(相生相剋)

(1) 음양(陰陽)의 원리

우주의 모든 현상은 태극으로부터 분리된 음, 양 2개의 기(氣)이기 때문에 음양의 동정(動靜)에 의해 생성되고 소멸되는 것이다.

음양은 어느 한쪽만으로는 우주 현상을 발현(發現)시킬 수 없고, 음양의 충화에 의해서만 비로소 생성되게 된다. 이것을 생기라 하지만 이는 태극에서 갈라진 음양이 합친 또 하나의 소태극으로 볼 수 있다.

이와 같이 음양이 갈라졌다가 음양의 충화로 태극을 이루고 또 다시 음양으로 갈라지는 분합(分合)이 반복적, 영속적으로 진행된다. 이러한 음양의 활동으로 우주의 현상을 생성, 발전시키고 순환시킨다. 이것이 음양의 기본 원리이다.

(2)오행(五行)의 원리

오행이란 수(水), 화(火), 금(金), 목(木), 토(土)의 행용(行用)을 말한다. 이 학설의 초기에는 자연과 인생에 있어서 없어서는 안 되는 재용(材用)의 의미로 해석되었으나, 요즈음에 와서는 우주만물을 형성하는 5가지 활동적 원소(元素)를 오행이라 말하게 되었다. 이와 같이 5가지 기가 발현하여 만물을 생성 할 때에는 반드시 음양의 충화 법칙에 따라 그의 지배를 받게 된다.

(※ 오행설(五行說) : 서경(書經) 홍범구주(洪範九疇)의 하나로 우왕(禹王)이 만든 9가지 정치대법, 또는 오행학설이라고도 함.)

① 오행의 배열

물로부터 만물이 비롯되고 물은 위에서 아래로 흐르는 것이 순리이므로 아래쪽 어두운 북방에 1 · 6 수(水)를 배치하고, 불은 위로 타오르는 성질이 있으므로 윗쪽 밝은 남방에 2 · 7화(火)가 자리잡는다. 나무의 기운으로 만물이 부드러운 새싹을 내밀므로 해가 돋는 동방에 3 · 8 목(木)을 배치하게 되고, 금의 서늘한 기운으로 만물이 단단한 열매를 맺으므로 해가 지는 서방에 4 · 9금(金)을 배치하게 되었다.

이와 같이 상하좌우의 수(水), 화(火), 목(木), 금(金)은 모두 토(土)를 바탕으로 생성함으로 중앙에 5 · 10토(土)의 중재와 조절을 받아 오행의 조화와 균형이 이루어지게 되는 것이다.

② 오행의 성격

수(水)는 아래로 하고, 화(火)는 위로 한 것은 음양의 기로써 나누었고, 목(木)은 왼쪽으로 하고, 금(金)은 오른쪽으로 한 것은 강유의 질로써 나눈 것이라 할 수 있다. 수(水)는 내양외음(內陽外陰)의 상으로 그속은 실하여 맑은 성정이 있으나 밖으로는 어둡고 음험하며, 목(木)은 외유내강(外柔內剛)한 상으로 겉으로는 굽혀지나 안으로 곧게 뻗는 강건한 성정이 있다. 화(火)는 내음외양(內陰外陽)의 상으로 속이 허하여탁한 성정이 있으나 밖으로는 밝은 빛을 내게 된다. 금(金)은 외강내유(外剛內柔)한 상으로 겉으로는 단단하나 안으로 삭아 부스러지는 유약한 성정이 있고, 토(土)는 내양외음(內陽外陰)의 상으로 두터운 흙으로 이루워져 고요히 정지하여 안정하고 있는 상이나 실제로는 강건하게 운행하고 이는 것이다(지구의 자전).

③ 오행 상생의 원리

목(木)은 수기(水氣)로 생장하고, 화(火)는 나무의 마찰에 의해 일어나고, 토(土)는 타고 남은 재[火氣]로 이루어 지고, 금(金)은 흙 속에서 생성되며, 수(水)는 금(金)의 도움으로 생겨난다. 즉 수(水)생 목(木), 목(木)생 화(火), 화(火)생 토(土), 토(土)생 금(金), 금(金)생 수(水)로 오행간에 서로를 낳고 낳아 계속적으로 순환하는 것이 상생의 원리이다. 오행의 근원을 수(水)로 한 것은 만물은 물로 인하여 생성되며 사람 또한 수태시 수기(水氣)로써 비롯되기 때문이다.

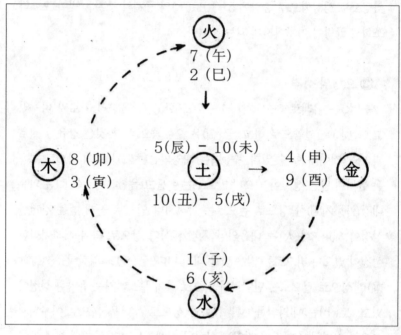

오행상생도

④ 오행상극의 원리

오행상극 관계를 살펴보면 금(金)과 화(火)가 서로 위치를 바꾸어 교역(交易)을 시작함으로써 형성되는데 물은 불을 끄고, 불은 쇠를 녹이며, 쇠는 나무를 자르고, 나무의 뿌리는 흙을 파고들며, 흙은 물을 가두어 서로를 견제하고 조절하는 것이 오행상극의 원리이다. 즉 수(水)극화(火), 화(火)극 금(金), 금(金)극 목(木), 목(木)극 토(土), 토(土)극 수(水)로 오행이 서로 극(剋)하게 되는데 이와 같이 만물의 생성에는 상생의 원리와 함께 상극의 원리가 필수적으로 작용하게 되는 것이다.

이와 같이 오행의 상극원리를 단순히 서로 극하는 작용 이외에 그 효

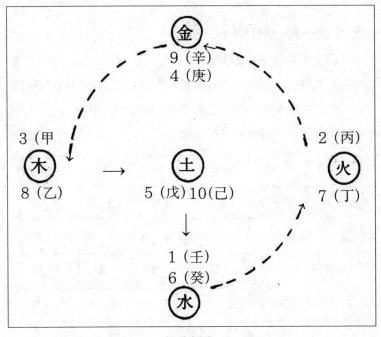

오행상극도

용을 높인다는 측면에서 다시 살펴보면 뜨거운 열기로 타는 불은 물이 있어야 진화되고, 캐어낸 금속덩어리는 불로 녹여서 연장이나 각종 생활 필수품을 만들어 쓰며 나무가 자라면 톱으로 잘라 재목을 만들며 나무는 흙에 뿌리를 내리고 생장하므로 땅의 황폐함을 막아 흙으로 하여금 만물을 자라게 하며, 흙으로 제방을 쌓아 홍수나 가뭄에 대비하여 물의 효용을 늘이니 이러한 것이 모두 상극작용에 의해 그 효용을 높인 것이라 할 수 있다.

(3) 간지오행(干支五行)

① 십간(十干), 십이지(十二支)

간지법(干支法)은 음양오행의 상생원리를 응용한 것으로 간(干)은 줄기(幹)를 뜻하고 지(支)는 가지[枝]를 말하는 것이다. 간(干, 주장할 간)은 천도(天道)운행의 모든 것을 주장하고 지(支, 지탱할 지)는 땅이 하늘의 도를 이어 지탱함을 이른 것이다.

구 분	木	火	金	水	土
天干	甲 乙	丙 丁	庚 辛	壬 癸	戊 己
地支	寅 卯	巳 午	申 酉	子 亥	辰戌丑未
方位	東	南	西	北	中央
數理	3 · 8	2 · 7	4 · 9	1 · 6	5 · 10

간지 오행(五行) 방(方) · 수(數)표

하늘은 십간(十干)으로 운행하고 땅은 십이지(十二支)로서 운행하여 십간 십이지가 서로 배합하는 가운데 육십간지가 생겨나게 된것이다.
- 천간(天干) : 甲, 乙, 丙, 丁, 戊, 己, 庚, 辛, 壬, 癸
- 지지(地支) : 子, 丑, 寅, 卯, 辰, 巳, 午, 未, 申, 酉, 戌, 亥

위 십간 십이지가 서로 배합해 甲子, 乙丑, 丙寅, 丁卯 등 육십간지를 이룬다.

② 간지오행(干支五行)

천간(天干)과 지지(地支)는 음양오행의 상생원리에 의거 다음과 같이 간오행(干五行)과 지오행(支五行)으로 나누어진다.

- 간오행(干五行) : 갑을(甲乙)은 목(木), 병정(丙丁)은 화(火)

  무기(戊己)는 토(土), 경신(庚辛)은 금(金),

  임계(壬癸)는 수(水)

- 지오행(支五行) : 인묘(寅卯)는 목(木), 사오(巳午)는 화(火),

  진 술 축 미(辰戌丑未)는 토(土),

  신,유(申酉)는 금(金), 해 자(亥子)는 수(水)

③ 간지합오행(干支合五行)

천간 합은 육합이라고도 하는데 갑(甲)에서 기(己)까지가 여섯번째 이기 때문이다. 물론 을(乙)에서 경(庚)까지도 여섯번째이고, 병(丙)에서 신(辛)까지나, 정(丁)에서 임(壬)까지, 그리고 무(戊)에서 계(癸)까지가 모두 여섯번째 닿는 곳에 합이 이루어진다고 하여 붙인 이름이다. 천간합(天干合)을 수리학적으로 보면 갑, 을, 병, 정, 무, 기, 경, 신, 임, 계를 순서대로 1, 2, 3, 4, 5, 6, 7, 8, 9, 10으로 나열하면 다음과 같다.

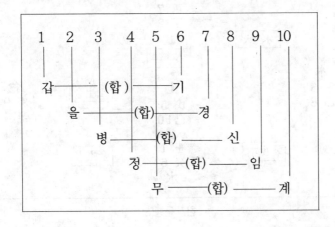

앞의 그림과 같이 합이되어 생수(生數)와 성수(成數) 즉 홀수와 짝수의 합작용이라고 할 수 았고 양(陽)인 갑과 음(陰)인 기가 서로 합하므로 음양배합이라 할 수 있다.

● 간합(干合) : 갑기(甲己)합 토(土), 을경(乙庚)합 금(金), 병신(丙申)합 수(水), 정임(丁壬)합 목(木), 무계(戊癸)합은 화(火)이다.

지지합은 십이지가 음과 양이 만나면 합(合)이 되고 양과 양, 음과 음이 서로 만나면 충(沖)이 된다. 지지합은 하늘과 땅이 짝하는 자(子, 天開於子)와 축(丑, 地關於丑)의 원리를 본체로 하여 자와 축이 합하여 천지육합(天地六合)으로 춘하추동 즉,사시(四時)의 운행을 이루게 된다.

● 지지합(地支合) : 오미(午未) 합은 일월합정(日月合精) 천(天)이며 사신(巳申) 합은 수(水) 겨울, 진유(辰酉) 합은 금(金) 가을, 묘술(卯戌) 합은 화(火) 여름, 인해(寅亥) 합은목 (木) 봄, 축자(丑子) 합은 산택통기(山澤通氣) 지(地)이다.

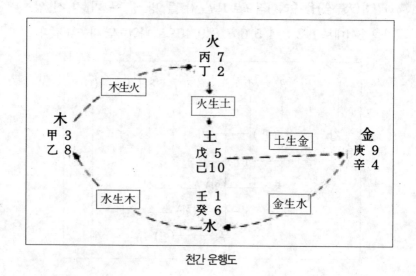

천간 운행도

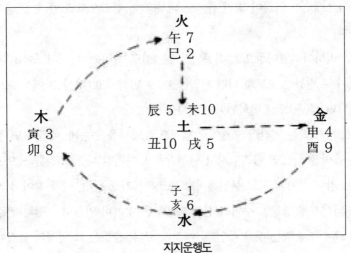

지지운행도

지지삼합(地支三合)은 천지인(天地人) 삼재(三才)가 합한 것과 같이 셋이 일가를 이루어 안정적인 배합을 이루니 자(子), 오(午), 묘(卯), 유(酉)를 중심으로 신(申), 자(子), 진(辰) 합 수국(水局), 인(寅), 오(午), 술(戌) 합 화국(火局), 해(亥), 묘(卯), 미(未) 합 목국(木局), 사(巳), 유(酉), 축(丑) 합 금국(金局)으로 각기 삼합이 된다.

④ 음오행(音五行)

음오행(音五行)은 음향(音響)오행이라고도 하는데 음향이란 소리를 말하며 인간과 모든 삼라만상은 모두 소리와 함께 태어나고, 생활하고, 사라진다. 큰 소리나 큰 빛은 인간의 감각으로 알 수 없다고 한다.

물리학으로 보면 음향의 진동수가 극히 크거나 적을 때에는 감각으로 느낄 수 없으며 그 진동수가 1초에 16회 이상이 되면 1개의 음향이 이루어진다고 하며 진동수가 더해질수록 음향도 점점 높아지고 진동수가 1초에 4만 이상이 되면 음향도 너무 높아 감각으로 느낄 수 없다고 한다.

그리하여 4만아상으로 진동되면 열(熱)로 화하고, 다시 1초에 수억의 수로 진동이 고도화 되면 광열(光熱)로 변화되고, 다시 그 이상 고도화되면 색(色)으로 변화된다고 한다.

또한 소리는 인간의 오관에 직접적으로 영향을 주는데, 예를 들면 좋은 음악을 들으면 즐거워지고 안정감을 느끼지만 나쁜 소리를 들으면 혐오감이 생기게 되고 불안해지고 초조해지기도 한다. 이와 같이 소리가 뇌신경에 영향을 주어 심신에 파급되는 것이니 인간의 생활과 건강에 크게 작용하는 것은 두말 할 여지가 없다. 음향은 그 발성의 음질에 따라 5종음성(五種音性)으로 나누어진다.

주음(主音)	오행	음성	종음(從音)
가 카	목(木)	아음(牙音)	자음(子音)이 ㄱ, ㅋ 으로 된 것
나 다 라 타	화(火)	설음(舌音)	자음(子音)이 ㄴ, ㄷ, ㄹ, ㅌ으로된것
아 하	토(土)	후음(喉音)	자음(子音)이 ㅇ, ㅎ으로 된 것
사 자 차	금(金)	치음(齒音)	자음(子音)이 ㅅ, ㅈ, ㅊ으로된것
마 바 파	수(水)	순음(脣音)	자음(子音)이 ㅁ, ㅂ, ㅍ 으로 된 것

음(音)오행오성(五性)표

※ 음향오행 사상은 특히 성명학(姓名學)의 발전에 크게 기여하고 있으며
   실제 많이 활용되고 있다.

⑤ 납음오행(納音五行)

납음오행(納音五行)이란 육십갑자(六十甲子)를 주례악기(周禮樂器)의 오음(五音)에 분배하고 십이율(十二律)의 각 오음을 육십갑자에 배정하여 오행으로 나타낸 것이다. 오음은 궁(宮), 상(商), 각(角), 치(徵), 우(羽)이고, 십이율은 육율(六律)의 음과 육여(六呂)의 음의 총칭이 율여(律呂)인데 12율의 기수번이 율(律)이고 우수번이 여(呂)이다. 이 오음과 율여에 대해서는 뒤에 설명키로 하고 다음 페이지의 이 납음오행은 여러 곳에서 많이 활용되므로 반드시 암기 숙지하여야 한다.

갑자을축(甲子乙丑) 해중금(海中金), 병인정묘(丙寅丁卯) 노중화(爐中火)
무진기사(戊辰己巳) 대림목(大林木), 경오신미(庚午辛未) 노방토(路傍土)
임신계유(壬申癸酉) 검봉금(劍鋒金), 갑술을해(甲戌乙亥) 산두화(山頭火)
병자정축(丙子丁丑) 간하수(澗下水), 무인기묘(戊寅己卯) 성두토(城頭土)
경진신사(庚辰辛巳) 백납금(白鑞金), 임오계미(壬午癸未) 양류목(楊柳木)
갑신을유(甲申乙酉) 천중수(泉中水), 병술정해(丙戌丁亥) 옥상토(屋上土)
무자기축(戊子己丑) 벽력화(霹靂火), 경인신묘(庚寅辛卯) 송백목(松柏木)
임진계사(壬辰癸巳) 장유수(長流水), 갑오을미(甲午乙未) 사중금(沙中金)
병신정유(丙申丁酉) 산하화(山下火), 무술기해(戊戌己亥) 평지목(平地木)
경자신축(庚子辛丑) 벽상토(壁上土), 임인계묘(壬寅癸卯) 금박금(金箔金)
갑진을사(甲辰乙巳) 복등화(覆燈火), 병오정미(丙午丁未) 천하수(天河水)
무신기유(戊申己酉) 대역토(大驛土), 경술신해(庚戌辛亥) 채천금(釵釧金)
임자계축(壬子癸丑) 상자목(桑柘木), 갑인을묘(甲寅乙卯) 대계수(大溪水)
병신성사(丙辰丁巳) 사중토(沙中土), 무오기미(戊午己未) 천상화(天上火)
경신신유(庚申辛酉) 석류목(石榴木), 임술계해(壬戌癸亥) 대해수(大海水)

3. 풍수지리의 기본 용어

(1) 용(龍)

땅이 평지보다 높은 곳을 용이라고 하는데 마치 살아 있는 용과 같다는 뜻이며 용은 음양이 조화된 것이므로 산의 변화무쌍한 형태가 용과 같다고 하는 뜻에서 그렇게 말해지고 있다.

(2) 맥(脈)

용이 산의 형상에 대한 것이라 하면 맥은 흐름에 대한 것으로 산에 음양의 생기가 유동하는 것은 마치 사람의 몸에 기혈이 운행하는 것과 같다 하여 맥이라 한다.

(3) 혈(穴)

맥 중에서 가장 생기가 몰린 곳을 혈이라 한다. 사람의 몸에 침을 놓는 곳을 침구학에서 혈이라 하는 것과 같다.

과맥에는 기가 모이지 아니하고 흘러가기 때문에 혈이 되지 못하고 맥이 그치는 곳에 혈이 있다. 혈이란 집터나 묘터의 길지를 말하는 것으로 혈이 맺힌 곳은 천령(天靈)과 지기(地氣)가 상응하여 주변의 산들이 혈을 위하여 존재하듯 집중된 곳이다. 바람도 혈을 감싸고 돌면서 항상 건조하지 않도록 산(山), 수(水), 풍(風)이 잘 조화된 곳으로 천장지비(天藏地秘) 한 곳이 혈이다.

수형산(水形山)은 하층산이 다한 곳에 혈이 있고 화형산(火形山)은 상층 평탄한 곳에 혈이 있으며 금형산(金形山)은 산중간 봉오리가 오목하게 들어간 곳에 혈이 있고 목형산(木形山)은 산중층 잘라진 곳에 혈이 있으며 토형산은 산하층 평지 중 튀어나온 곳에 혈이 있다.

(4) 내룡(來龍)

혈 뒤에서 혈을 따라 내려오는 산세를 내룡이라 한다. 산맥이 흘러오다가 혈로 들어가려고 하는 곳을 특별히 지칭해서 내룡이라 말하기도 한다. 내룡은 가지와 잎이 많고 햇볕이 잘 들어 밝고 따뜻해야 하고 기세가 웅장하고 원만해야 하며 안정된 자세로 용을 보호함이 나무랄 데가 없어야 한다. 내룡은 그 변화 현상에 따라 혈이 멀리 있을 수도 있고 가까이 있을 수도 있다.

(5) 조산(祖山)과 종산(宗山)

혈에서 가장 멀고 높은 산을 조산(祖山)이라 하고 혈에서 가까우면서 높은 산을 종산(宗山)이라 한다.

(6) 주산(主山)

혈 뒤에 높게 솟은 산을 주산(主山)이라 하며 마을의 경우 이 산이 마을을 지켜준다는 뜻에서 진산(鎭山)이라고도 한다. 주산이 둥글면 주산에서 가까운 곳에 혈이 있고 주산이 길면 주산에서 먼 곳에 혈이 깃든다.

(7) 입수(入首)

내룡이 혈로 들어가려고 하는 곳을 입수라 하는데, 입수의 형태는 직룡입수(直龍入水), 횡룡입수(橫龍入水), 비룡입수(飛龍入水), 잠룡입수(潛龍入水), 회룡입수(回龍入水)등 다섯가지가 있다.

(8) 청룡(靑龍) · 백호(白虎)

혈(穴)에서 안산(案山)을 향해 바라볼 때 왼쪽은 청룡, 오른쪽은 백호라 한다. 좌청룡(左靑龍) · 우백호(右白虎)는 중첩되어 있는 것이 더욱 좋다. 청룡 · 백호가 중첩되어 있는 경우 혈 가까이 있는 것을 내청룡 · 내백호라 하고 그 바깥에 있는 것을 외청룡 · 외백호라 한다. 청룡과 백호는 혈 앞의 주작 및 혈 뒤의 현무와 더불어 혈을 수호하는 사신(四神)으로 부르고 있다.

(9) 명당(明堂)

명당이란 혈(穴)앞의 토지로써 혈바로 앞에 있는 평탄한 땅을 내명당이라 칭하고 그 보다 앞쪽에 있는 비교적 광대한 평지를 외명당이라 한다. 명당은 반듯한 것이 좋다. 명당은 묘지라면 분묘의 앞이고 집터라면 주건축물 앞의 토지이다. 명당이라고 하는 말은 천자(天子)가 군신의 하례를 받던 곳이라는 데서 왔다고 하며 혈에 대해 참배하는 곳이기 때문이다.

(10) 득수(得水)와 파구(破口)

혈에서 물이 처음 보이는 곳이 득수이고 물이 흘러나가 마지막으로 보이는 곳이 파구이다. 포태법에 의한 생(生), 왕(旺), 대(帶), 관(冠) 등 필요한 좌향이나 방위를 정할 때 파구가 기준이 되기 때문에 더욱 상세히 관찰해야 한다.

(11) 안산(案山)과 조산(朝山)

혈(穴) 앞의 사(砂)의 하나로 낮고 작은 산을 안산이라 한다. 혈에 의안(倚案)이 된다는 뜻에서 안산이라 부른다. 또한 혈 앞, 높고 큰산을 조산(朝山)이라고 하며 혈에 대해 조공(朝拱)하는 형태의 산을 말한다. 조산은 주인에 대해서는 손님이며 임금에 대해서는 신하가 되므로 조산이 없으면 그 주인과 임금은 주군으로써의 품위를 잃게 된다. 따라서 혈에는 안산과 조산이 반드시 있어야 한다.

(12) 만두(灣頭)

혈(穴) 뒤에 입수용에서 약간 돌출된 곳이 만두이다, 물이 갈라지는 곳이란 뜻에서 분수척상(分水脊上), 또는 두뇌(頭腦)라고도 한다.

(13) 오성(五星)

산의 형태를 오행으로 나누어 이름을 붙인 것으로 그 형태는 크게 나
누어 다음과 같다.

① 목성(木星)산
산의 형태가 나무처럼
곧게 솟아 있는 것.

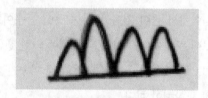

② 화성(火星)산
산 형태가 불꽃처럼 날카
롭게 뾰족한 봉우리를 가
지고 있는 것.

③ 토성(土星)산
산모양이 편편하여 마치
산적이나 떡을 담는 그릇
과 같은 것.

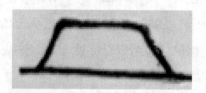

④ 금성(金星)산
산봉우리나 산줄기가 윗 부
분은 둥글고 아랫부분은 넓
게 퍼져 있어 마치 종을 엎어

둔 형태와 같은 것.

⑤ 수성(水星)산

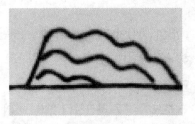

산모양이 마치 굽이치는
파도와 같이 출렁이는 모
습을 하고 있는것이다.

오성에서 변형된 것이 구성(九星)이고, 구성에서 다시 변형된 것이
구요(九曜)이다. 구성(九星)은 ① 빈랑(貧狼). ②거문(巨門). ③ 녹존(祿
存). ④문곡(文曲). ⑤염정(廉貞), ⑥무곡(武曲). ⑦파군(破軍). ⑧좌보
(左輔). ⑨우필(右弼) 등이고,

구요(九曜)는 ① 태양(太陽). ②태음(太陰). ③금수(金水). ④자기(紫
氣). ⑤천재(天財), ⑥천강(天罡) ⑦고요(孤曜). ⑧조화(燥火). ⑨소탕
(掃蕩) 등이다.

(14) 낙산(樂山)

혈 뒤 편에 있는 것으로 혈이 베개를 베고 편안히 즐기듯이 의지할 수
있는 곳을 낙산이라 하고, 침락(枕樂)이라고 말하기도 한다.

(15) 수호 사신(守護四神)

혈을 중심으로 혈 앞은 주작(朱雀), 혈 뒤는 현무(玄武), 혈의 좌측은
청룡(靑龍), 혈의 우측은 백호(白虎)라 하고 이들이 혈을 수호한다는 뜻
에서 수호 사신이라 한다.

(16) 좌향(坐向)

혈의 중심이 좌이고, 좌의 맞은 편이 향이다. 풍수의 3대 요소 중의 하나인 방위(方位)가 혈의 좌향으로 나타나므로 생기 감응의 구심점이며 혈의 이름이다.

분묘인 경우 하관시(下棺時) 혈의 윗부분인 시신의 머리쪽이 좌이고 혈의 아랫부분인 발쪽이 향으로 좌의 맞은편이 된다. 예를 들어 자좌오향(子坐午向)이라고 하는 것은 좌가 정북방에 있고 정남방을 향하고 있는 것을 의미한다. 정북은 24방위의 자(子)에 해당하며 정남은 24방위의 오(午)에 해당한다.

(17) 나경(羅經)과 패철(佩鐵)

나경(羅經)이란 방위를 측정하는 것으로 포라만상(包羅萬象) 경륜천지(經綸天地)에서 나(羅)자와 경(經)자를 따서 붙인 이름이다. 쇠를 차고 다닌다는 뜻에서 패철이라 부르기도 하고, 윤도(輪圖)라고도 한다. 나경은 나침반의 일종으로 5층에서 36층까지 여러 가지 형태가 있다고 하나, 우리 나라에는 1848년 관상감에서 만든 24층짜리 나경판본이 현존하는 가장 오래된 것이라고 한다(고창 김종대씨 소장).

현재 보편적으로 사용하고 있는 것은 9층짜리로 중심에 지침을 두고 5행과 8괘 및 십간 십이지를 조합시켜 만든 기본 24방위로 구성되어 있다. 층별 명칭 및 용도는 나경 사용법을 참조하기 바란다.

(18) 장풍(藏風)

바람을 들어오게 하고 나가지 못하게 하는 것이 장풍이다. 생기는 바람을 타면 흩어지기 때문이다. 생기가 모이려면 바람을 막아야 한다. 불어오는 바람을 거부하는 것이 아니라 불어 나가는 바람을 막아야 한다. 장(藏)이란 물건을 넣고 내어 쓰지 않는 것이다.

(19) 형국(形局)

주산의 흐름이나 혈 주변 사(砂)의 환경 등을 동·식물이나 특수한 사람 또는 사물에 비유하여 말하는 것으로 주관자가 임의로 정하여 부르는 경우가 많다.

(20) 미사(眉砂)

혈맥이 입수에서 두뇌를 거쳐 혈장으로 옮겨지는 조금 얕고 긴 둔덕, 즉 평면보다 약하게 포송포송 솟아 있는 부위를 말하며 그 생김새에 따라 아미사(蛾眉砂), 월미사(月眉砂), 팔자미사(八字眉砂)등이 있다.

(21) 신후지지(身後之地)

살아 있을 때 미리 자기 묘지리를 잡아두는 것을 말한다.

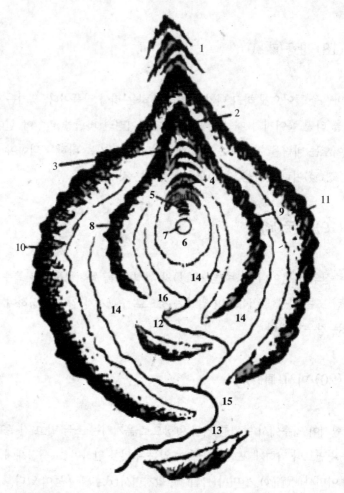

1. 조산(祖山)과 종산(宗山) 2. 주산(主山) 3. 입수(入首) 4. 만
두(灣頭) 5. 미사(眉砂) 6. 명당(明堂) 7. 혈(穴) 8. 내백호(內白
虎) 9. 내청룡(內靑龍) 10. 외백호(外白虎) 11. 외청룡(外靑龍)
12. 안산(案山) 13. 조산(朝山) 14. 물(水) 15. 외수구(外水口)
16. 내수구(內水口)

산의 형세와 풍수용어 설명도

제 2 장

용(龍)이란 무엇인가

1. 용(龍)의 십이격(十二格)

용이란 곧 산이다. 산 중에도 기복(起伏)이 있고 달아나고, 뛰고, 번뜩이고 활동하는 산을 말한다. 조산(祖山)은 혈에서 멀리 떨어진 곳의 가장 높은 산이다. 큰 산은 오악(五岳)과 같고 작은 것은 한 고을의 으뜸되는 산, 또한 한 지방에서 제일 높은 산이다.

조산(祖山)은 높고 커서 항상 구름과 안개에 싸여 있고, 산줄기 또한 수없이 많다. 종산(宗山) 또는 주산(主山)은 조산을 떠나 각 지파로 나누어 오다가 혈에서 가까운 곳에 높이 솟은 산이다. 주산(主山)은 반드시 기이하고 수려하고 아름다운 것이 좋다. 주산이 가로로 퍼지고, 무너지고, 연약하고, 기울어지고, 추악하고, 살기(殺氣)가 있으면 아무리 혈 주변의 조건이 갖추어져 있어도 좋지 않다. 용은 반드시 혈에서 가까운 주산(主山) 이하의 용세(龍勢)가 중요하므로 먼 용의 길흉(吉凶)에 크게 관심을 기울이지 말아야 한다.

용맥이 조산에서 뻗어 내려온 것을 보면 한 번 일어나고 한 번 엎드리며, 나지막하고, 높고, 좌우로 살아 움직이고, 새가 날아가는 것 같고 고기가 뛰는 것 같이 활동하며 진행하는 생룡(生龍), 강룡(强龍), 순룡(順龍), 진룡(進龍), 복룡(福龍) 등은 좋은 용[吉龍]이다. 용맥이 곧고 딱딱하며, 정지하여 움직이지 아니하고, 기복이 없고, 오리의 목과 다리 같고, 험하고, 높고, 뾰족하고, 높고 낮음이 차례가 없고, 용맥이 모이지 아니하고, 부서지고, 무너지고, 기울어져 뼈가 드러나 보이며 완전히 경직된 상태로 굳어버린 사룡(死龍), 약룡(弱龍), 퇴룡(退龍), 역룡(逆

龍), 병룡(丙龍), 겁룡(劫龍), 살룡(殺龍) 등은 모두 흉한 용이다. 이와 같이 용의 생사길흉을 구분해서 터를 정해야 한다.

(1) 생룡(生龍)

용맥이 살아 움직이는 것으로 생기가 넘치고 혈장이 아름답고 단정하며 좌우에 다리가 있고 조산(朝山)과 안산(案山)이 분명한 것이 생룡으로 부귀하고 자손이 창성 한다고 한다.

(2) 강룡(强龍)

용맥의 형세가 크고 굵직하게 펼쳐 활동이 자유스럽다. 이는 호랑이가 수림에서 달려나오는 기세로 굳고 튼튼하여 강한 힘이 솟구쳐 오른다. 부귀 다복하고 크게 번창한다고 한다.

(3) 순룡(順龍)

용맥의 높고 낮음이 순서가 있고 상하좌우가 잘 둘러 있어 마치 많은 별이 북극을 향해 반짝이는 것과 같다. 장수하고 효행과 덕행으로 편안하고 부귀하게 된다고 한다.

(4) 진룡(進龍)

용맥이 차례가 있어 봉황이 줄을 세워 날아가듯 하고 지각(枝脚)이 고르며 절도가 있고 그림처럼 아름답게 펼쳐있다. 자손이 크게 발전하고 발복이 길게 이어진다고 한다.

(5) 복룡(福龍)

조산(祖山)과 주산(主山)이 귀하고 호위하는 산이 많고 전후가 상응하고 지각(枝脚)이 조용히 뻗어 드날리지 아니하고 봉우리는 높지 않으나 약하거나 거칠지 않게 펼쳐 나간 것이 복스럽다. 부귀하고 태평한 삶을 누린다고 한다.

(6) 사룡(死龍)

용맥이 모호하고 본체가 곧고 딱딱하고 거칠고 기복이 없고 단순하여 마치 가지없는 나무같고 죽은 고기같이 생기가 전혀없이 정지되어 있다. 가난하고 천하게 살게되고 대가 끊기는 흉사가 일어나기도 한다.

(7) 약룡(弱龍)

여위고 약하고 배가 들어가고 뾰족하고 늘어지고 빗기고 꺼져 충실하지 못하여 윤택함이 없다 마치 말이 마판에 업드려 있는 것과 같다. 자손이 빈궁하고 고독하고 병약하게 된다.

(8) 역룡(逆龍)

용맥이 조산(祖山)을 따라 오는 동안 높고 낮음이 순서가 없고 청룡·백호가 좌우로 감싸지 아니 하며 물을 거슬러 올라 가는 것 같고 새가 거꾸로 날으듯 짐승이 뒷걸음질 하는 것과 같아 비록 혈이 있을지라도 반역하고 흉악하며 도적이 나며 수형생활 하는 일이 있다.

(9) 퇴룡(退龍)

용맥이 날카롭고 지각(枝脚)이 차례가 없고 생기가 없는 것으로 배가 여울로 거슬러 올라 가는듯한 것으로 아주 흉하다

(10) 병룡(丙龍)

용맥이 비록 아름다우나 한변은 살고 한변은 죽었고 한변은 아름다우나 한변은 그렇지 못하며, 한변은 활동하나 다른변은 굳어 움직이지 아니하고 보내고 따라옴이 조화롭지 못해 좋은 일이 고르지 아니하다.

(11) 겁룡(劫龍)

용맥이 쪼개진 것이 많아 정맥과 방맥을 가릴 수 없고 온전하게 용맥이 모이지 않아 적서(嫡庶)가 분명하지 않다. 도적질, 관재, 구설, 질병이 계속 일어난다.

(12) 살룡(殺龍)

용맥이 뾰족하고 날카롭고 부서지고 기울어지고 위험하고 추악하고 바위로 뭉치고 절벽이되고 뼈가 들어나고 돌을 띠었고 살(殺)을 띠고 있어 무서운 형태가 이에 속한다. 싸움질 좋아하고 살육을 일삼는다.

생룡(生龍)에서 살룡(殺龍)까지 12격을 그림으로 보면 다음과 같다.

용의 12격도

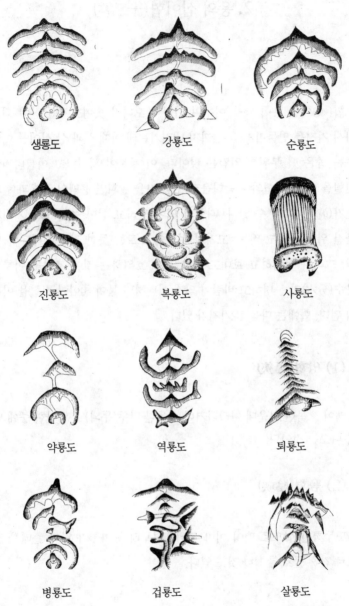

생룡도　　　　　강룡도　　　　　순룡도

진룡도　　　　　복룡도　　　　　사룡도

약룡도　　　　　역룡도　　　　　퇴룡도

병룡도　　　　　겁룡도　　　　　살룡도

2. 용의 십이협(十二峽)

협(峽)이란 용이 맥을 이루며 이어져 오다가 솟아오르면 산이 되고 다시 가지를 만들며 다음 산까지 내려가는데 이때 산과 산 사이를 이어주는 좁은 맥 부위를 일컫는 것이다. 이 부분이 확실하고 아름다워야 진혈을 이룬다. 협의 아름다움과 추한 것을 살피면 용맥의 길흉과 혈의 진가(眞假)를 알 수 있다. 과협의 맥이 연하고 살아 움직이고, 거미가 물결 위를 지나고 뛰는, 고기가 여울을 오르는 듯한 것이 모두 아름답다. 그러나 맞이하고 보내고 들고 끼고 호위하는 것이 조화를 이루고 분수(分水)가 분명하고 바람이 닿지 아니하며 물이 좋아야 진혈을 이루게 된다. 협에는 다음 12가지가 있다.

(1) 양협(陽狹)

맥이 오목한 가운데 나타나거나 오목한 만두(두뇌)로 평탄한 중에 맥이 나오는 것이다.

(2) 음협(陰峽)

도두룩한 협으로 맥이 이마 부위에서부터 등마루가 있어 출맥한 것으로 간혹 돌로 출맥한 것도 있다.

(3) 직협(直峽)

곧게 나온 협으로 이는 사맥(死脈)이라 하여 좋지 않으나 중간에 물 거품 같은 것이 있으면 좋다고 한다.

(4) 곡협(曲峽)

굽은 협으로 굴곡이 살아 움직이는 듯하여 산뱀이 물을 건너는 형상으로 귀하다고 한다.

(5) 장협(長峽)

협이 매우 긴 것으로 바람을 받기 쉽다 좌우에 다른 사(砂)들이 보호하지 아니하고 곧고 길면 사맥이 되어 좋지 않다고 한다.

(6) 단협(短峽)

협이 짧은 것으로 바람은 받지 아니하나 맥이 끊어지거나 조화를 이루지 못하고 흐리면 좋지 않다.

(7) 활협(闊狹)

협이 넓은 것으로 기운이 흩어지기 쉽다. 중간에 가는 선이 있으나 높은 듯한 등마루가 있으면 아주 귀하다고 한다.

(8) 원협(遠峽)

협이 매우 먼 것으로 두 변에서 맞이하고 보내고 보호하는 것이 있어야 좋다고 한다.

(9) 고협(高峽)

협이 높은 것으로 산이 커서 끊어진 곳이 평지에 닿지 않는 것으로 사람 다니는 길이 된다. 협을 보호함이 있어야 좋다고 한다.

(10) 천전협(穿田峽)

밭을 뚫고 지나가는 것으로 양쪽은 모두 얕고 중간으로 지나는 맥이 높은 밭으로 지나가면 분수가 명백하여 귀하다고 한다.

(11) 도수협(渡水峽)

물을 건너가는 것으로 물 가운데 석량(石梁), 즉 돌줄기가 있어야 좋다고 한다. 일반적으로는 맥은 물을 만나면 그치나 이는 토맥만 그렇고 석맥은 물로 인해 그치지 아니한다.

(12) 봉요학슬협(蜂腰鶴膝峽)

벌의 허리와 학의 무릎형을 이룬 협으로 맥이 묶여 모이는 곳이니 반드시 혈이 맺혀 그 기운이 왕성 하므로 크게 귀하다고 한다.

협의 십이협도

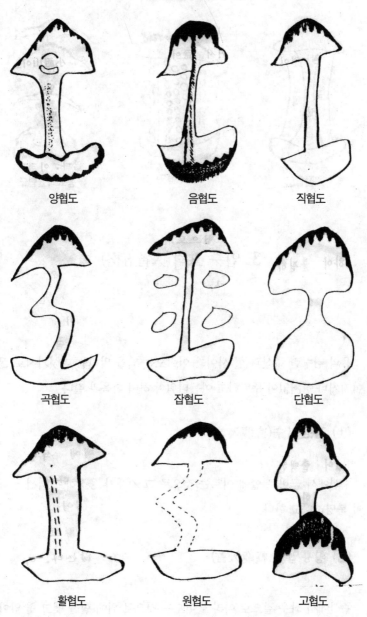

양협도

음협도

직협도

곡협도

잡협도

단협도

활협도

원협도

고협도

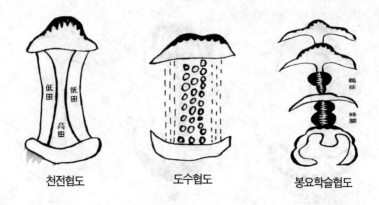

천전협도   도수협도   봉요학슬협도

3. 입수 오격(入首五格)

용의 입수란 주산과 혈 사이를 이어오는 맥을 말하는 다섯가지로 끊어지거나 상처없이 뚜렷하고 아름다워야 하며 다음과 같다.

(1) 직룡입수(直龍入首)

주산에서 곧바로 혈에 이르는 것으로 그 기세가 웅장하고 커서 발복이 분명하다고 한다.

(2) 횡룡입수(橫龍入首)

주산에서 좌우 곁으로 따라 들어오는 것으로 위에 혈을 맺고 혈 앞이 평탄하여 혈 위에 오르면 높은 줄 모르는 것이 귀하다.

(3) 비룡입수(飛龍入首)

높은 곳에 맺힌 혈을 따라 입수가 높이 솟아 오른 자세로 그 세력이
고양하여 귀하나 부는 약하다.

(4) 잠룡입수(潛龍入首)

입수가 평지로 떨어져서 혈을 이루니 소위 평수맥(平受脈)이라 한다.
한치 높은 곳이 산이요. 한치 얕은 곳이 물이다.
　평지에 오목하게(凹) 들어가 있거나 수세(水勢)가 고리를 두른 것이
참으로 좋다고 한다.

(5) 회룡입수(回龍入首)

입수가 주산이나 조산을 돌아보고 혈이 맺힌 것으로 이런 경우 부귀
를 모두 이룬다고 하는 대길지라 한다.

제 3 장

혈(穴)이란 무엇인가

1. 혈(穴)의 형상(形相)

혈의 형상은 천태만상(千態萬象)으로 그 모양이 한결 같지 않아 진룡(眞龍)에 진혈(眞穴)이란 말이 있듯이 혈을 알려면 우선 용을 살펴야 한다. 그러나 용을 살피기는 쉬우나 혈을 찾기는 매우 어렵다. 혈형(穴形)의 실상은 음양으로 크게 구분되고 형태는 요철(凹凸)과 같다. 음 중에 양이 있고 양 중에 음이 있어 태양, 소양, 태음, 소음의 4상(四象)이 있고 와(窩), 겸(鉗), 유(乳), 돌(突)의 4가지 형체(形體)가 있다.

(1) 와형혈(渦形穴)

제비집과 닭의 둥우리 같은 형으로 좌우로 움켜쥐는 형태다. 이와 같이 혈은 평지나 높은 산에 다 있으나 높은 산에 더 많이 있다. 높은 산에는 오목(凹)한 곳이 참혈이고 평지에는 볼록(凸)하게 솟아오른 곳이 참혈이다.

와형혈에 4격(四格)이 있는데 심와(沈窩), 천와(淺窩), 협와(頰窩), 활와(闊窩)가 그것이다. 모두 좌우에서 움켜쥔 듯 균일한 것이 정격(正格)이고 그렇지 못한 것은 변격(變格)이다. 와형혈 4격의 형체가 두 가지 있는데 좌우에서 서로 움켜쥐고 만나는 장구와(藏口窩), 즉 입을 감추 듯 오목한 형과 좌우가 서로 만나지 않고 입을 벌린 것과 같은 형인 장구와(張口窩)가 있다.

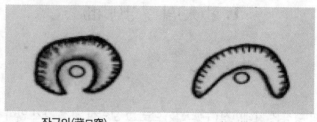

장구와(藏口窩)   장구와(張口窩)

① 심와(沈窩)

벌린 입 속이 깊고 오목한 것으로 와 속에 보일듯 말듯 미미한 유(乳), 돌(突)이 있어야 하고 와 가운데가 둥글고 맑고 좌우의 움켜줘이 활처럼 안은 것을 필요로 한다. 너무 깊어 함몰될 정도면 쓸 수 없다고 한다.

② 천와(淺窩)

입 속이 얕고 평평한 것으로 대야나 연잎을 닮은 것이 좋고 지나치게 얕으면 좋지 않다고 한다.

③ 협와(頰窩)

열린 입속이 협소하여 형혈이 좁은 것이다. 지나치게 좁은 것은 혈이 아니므로 제비집이나 닭 둥우리 같은 것이 있으면 무방하다.

④ 활와(闊窩)

열린 입 속이 넓은 것으로 지나치게 넓으면 좋지 않다. 와중에 미미한 유(乳), 돌(突)이 있어야 참혈이 되고 그렇지 않으면 기가 모이지 않는다.

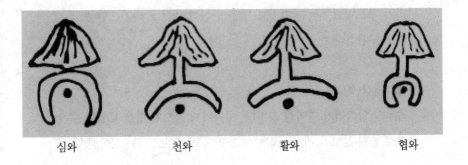

심와   천와   활와   협와

(2) 겸형혈(鉗形穴)

겸형혈은 다리를 벌린 것[開脚]인데 마치 다리나 손가락 사이에 물건을 끼운 것 같아 주둥이를 벌린 것이다. 겸혈에는 직겸(直鉗), 곡겸(曲鉗), 장겸(長鉗), 단겸(短鉗), 쌍겸(雙鉗)의 5가지 정격(正格)과 변직변곡겸(變直變曲鉗), 변장변단겸(變長變短鉗), 변쌍변단겸(變雙變單鉗)의 3가지 변격이 있다.

① 직겸(直鉗)
좌우의 양다리가 똑바른 것으로 길고 단단한 것을 꺼리고 혈 앞에 난간 모양의 안이 가로 놓인 것이 좋다.

② 곡겸(曲鉗)
좌우의 양다리가 소뿔같이 둥글게 구부러져 안으로 싸안은 것이 좋다.

③ 장겸(長鉗)
좌우의 양다리가 긴 것으로 똑바르고 단단하고 너무 긴 것은 피한다.

다리가 부드럽고, 굽고, 가깝고 낮은 안산이 가로로 싸안으면 조금 길더라도 무관하다.

④ 단겸(短鉗)

좌우의 양다리가 짤막한 것이다. 지나치게 짧으면 혈을 보호할 수 없으므로 좋지 않고 밖에서 둘러싸서 포위하듯 지키고 있는 것이 좋다.

⑤ 쌍겸(雙鉗)

좌우의 다리가 쌍으로 갈라져 쌍 가지가 생긴 것으로 좌우가 서로 맞물린 것이 좋다.

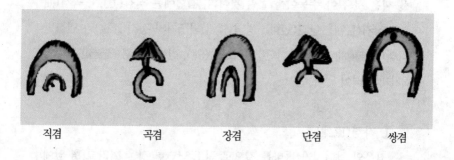

직겸   곡겸   장겸   단겸   쌍겸

⑥ 변직변곡겸(變直變曲鉗)

좌우의 다리가 서로 같지 않고 어느 한쪽은 곧고 다른 한쪽은 구부러진 것을 말한다. 긴 다리는 물에 거슬리는 것이 좋고 순응하는 것은 좋지 않다.

⑦ 변장변단겸(變長變短鉗)

좌우의 다리가 서로 같지 않고 한쪽은 길고 다른 한쪽은 짧은 것을 말한다.

⑧ 변쌍변단겸(變雙變單鉗)

좌우의 한쪽 다리는 단각이고 다른 한쪽은 쌍각인 것을 말하고 쌍변이 물에 거슬리고 긴 쪽이 활처럼 싸안는 것이 좋으며 물에 순응하여 달아나는 기세는 좋지 않다.

변직변곡겸   변장변단겸   변쌍변단겸

(3) 유형혈(乳形穴)

유형혈이란 아름다운 여인의 젖가슴과 같다고 하여 붙여진 이름이다. 현유혈(懸乳穴), 수혈(垂穴), 유두(乳頭)라고도 하는데 모두 두 팔 중간에 유혈이 생긴 것으로 평지나 고산에 다 있다.

유형혈(乳形穴)에는 늙은 어머니의 길게 늘어진 젖과 같은 장유(長乳), 결혼을 앞둔 처녀의 젖가슴과 같은 단유(短乳), 아기에게 젖을 먹이고 있는 30대 가정 주부의 젖가슴과 같은 크고 살이 찐 대유(大乳), 사춘기 처녀의 몽글몽글 피어나는 꿈같은 소유(小乳)의 4가지 정격(正格)과 풍만한 여인의 젖가슴과 같은 쌍유(雙乳), 삼수유(三垂乳)등 2가지 변격(變格)등 모두 6가지 유형이 있다. 유형혈은 두 팔로 애인을 포옹하듯 에워싸이고, 양쪽 손이 맞잡고 있는 듯 유상(乳上)이 둥글면 아름답다. 두 팔이 남 보듯 무정하고 좌우가 파이고 바람이 자지 아니하고 물이 옆구리를 찌르고 달아나면 좋지 않다.

① 장유혈(長乳穴)

양팔의 중간에 유방이 중년 여인의 젖가슴처럼 길게 늘어져 있는 것이다. 양팔이 다정한 여인의 어깨를 감싸 안듯 활처럼 싸안고 유방이 중앙으로 똑 바르게 나타나 기울지 않고 가파르거나 조잡하지 않고 아름다운 것이 좋다.

② 단유혈(短乳穴)

여인의 양팔 중간에 짧게 매어 달린 처녀의 유방과 같은 형상이다. 너무 짧으면 기가 약해지기 때문에 좌우로 둘러싸여 마치 사랑하는 사람의 가슴에 묻힌 것과 같이 한가운데에 있고 크거나 가파르지 않은 것이 좋다.

③ 대유혈(大乳穴)

풍만한 중년여인의 양팔 중간에 아기에게 먹이고 있는 젖봉우리와 같이 큰 유방의 형태를 말한다. 좌우가 완만하고 기울거나 가파르지 않고 유정한 것이 좋다. 너무 크면 거칠고 완만해서 좋지 않다.

④ 소유혈(小乳穴)

소녀의 양팔 중앙에 매어 달린 작은 유방이다. 유두는 둥글고 빛나며 좌우가 서로 대칭되는 것이 좋고 유방이 한가운데 있고 가파르지 않은 것이 좋다. 유방이 너무 작아서 기가 미약하거나 양팔이 유방을 압박하는 듯한 것은 좋지 않다.

⑤ 쌍유혈(雙乳穴)

풍만한 여인의 젖가슴처럼 양팔가운데 쌍유방이 있는 것으로 쌍유가 가지런하고 좌우가 포옹하듯 얼싸안고 호위하며 유정한 것이 좋다.

⑥ 삼수유혈(三垂乳穴)

양팔 중간에 유방이 3개 있는 것과 같은 것이다. 크고, 작고, 길고, 짧은 것이 서로 같은 것이 좋고 뒤에 있는 산의 맥이 왕성하고 넓고 크며 좌우로 둘러싸인 것이 좋다.

| 장유혈 | 단유혈 | 대유혈 | 쌍유혈 | 삼수유혈 |

(4) 돌형혈(突形穴)

산곡의 혈은 반드시 좌우에서 감추는 것을 요하며 홀로 들어나 바람을 받는 것을 피해야 한다. 평지에는 혈만 나타니고 사방이 평탄한 것이라도 계수(界水)가 명백하고 맥이 내려오는 것이 분명하면 무방하다.

돌형혈에는 대돌, 소돌, 쌍돌, 삼돌의 4가지가 있다.

① 대돌혈(大突穴)

나타나 있는 부분이 높고 큰 것으로 지나치게 크거나 들뜨거나 느슨하지 않고 튀어나온 표면이 둥글고 빛나며 빼어난 것이 좋다.

② 소돌혈(小突穴)

돌기가 작은 것을 말한다 너무 작아서 높낮이가 분명하지 않는 것은 너무 미약하여 좋지 않다.

③ 쌍돌혈(雙突穴)·

나타난 부분이 두 개 가지런한 것을 말한다 양쪽이 같고 바르고 형체가 빼어난 것이 좋다.

④ 삼돌혈(三突穴)

3개가 나란히 돌기 한 것이다. 나타난 부분이 서로 같고 빛이 나며 형체가 빼어난 것이 좋다.

대돌혈   소돌혈   쌍돌혈   삼돌혈

2. 혈을 정하는 법[定穴法]

풍수에서 가장 중요한 것의 하나가 혈을 정하는 것이다 일반적으로 혈이 맺힌 곳은 안산(案山)이 아름답고, 명당이 바르고, 세력이 있는 물이 모여 들고, 혈 뒤의 주산(主山) · 종산(宗山)이 치솟아 있고 좌청룡 · 우백호가 정답게 휘감아서 보호하는 곳이다. 사방에는 여러 갈래의 길이 있고, 물의 분합(分合)이 분명한 중심에 있으므로 잘 살펴야 한다. 혈을 정할 때에는 다음의 여러가지 기본 조건과 현상들을 참고해야 한다.

(1) 조산(朝山) 및 명당정혈(明堂定穴)

① 조산정혈(朝山定穴)

혈을 정할 때에는 우선 조산(朝山)의 원근과 높고 낮음에 따라 혈처를 찾아야 한다. 즉 조산이 높으면 높은 곳에 조산이 얕으면 얕은 곳에 혈을 정한다. 또한 조산이 왼쪽에 있으면 혈도 왼쪽을 향하고 조산이 오른쪽에 있으면 혈도 오른쪽을 향하며 조산이 바로 앞에 있으면 혈도 안산을 향해야 한다.

② 명당정혈(明堂定穴)

명당은 혈 앞의 평평한 곳으로 바르고 평평하고 둥글고 혈을 향해 유정한 것이 좋다. 좌우상하로 기울면 혈을 잃게 된다. 명당에는 소명당, 중명당, 대명당 세 가지가 있다.

● 소명당 : 혈 앞의 작은 원운(圓暈)이 아래에 있고 평평하여 사람이 옆으로 누울 만한 곳이 있으면 참혈이 여기에 있다.

● 중명당 : 청룡백호내에 혈을 정하되 좌우가 서로 사귀어 모이는 것이라야 한다.

● 대명당 : 안산(案山) 안쪽에 혈을 정하되 기가 모인 곳을 찾아야 한다. 외명당이라고도 한다.

(2) 낙산(樂山) 및 용호정혈(龍虎定穴)

① 낙산정혈(樂山定穴)

낙산이란 혈 뒤에 기대고 있는 산이다. 주산(主山)이거나 용 본신(本身)의 산이나 따라오는 다른 산을 막론하고 혈에서 보이는 산이 제일이며 명당 가운데서 보이는 산이 다음이다. 횡룡으로 혈이 맺는 것은 반드시 낙산으로 베개를 삼는 것이 긴요하고 낙산이 왼쪽에 있으면 혈도 왼쪽에 있으며 낙산이 오른쪽에 있으면 혈도 오른쪽에 있다. 낙산이 가운데 있으면 혈도 중앙에 있고 낙산이 좌우에 있으면 혈도 쌍혈을 맺는다. 낙산이 멀고 가깝게 있으면 가까운 산을 의지하고 짧거나 긴 낙산이면 긴 산을 취한다.

낙산이 너무 높거나 웅장하면 억압 능멸하는 기운이 있으므로 낙산이라 하여 의지하지 말고 피하여 혈을 정하되 왼쪽 산이 혈을 누르면 오른쪽에 혈을 정하고 오른쪽 산이 혈을 누르면 왼쪽에 혈을 정해야 한다. 뒷산이 혈을 누르면 혈을 앞으로 나와 정하고 사방의 산이 모두 고르게 평평하면 혈은 중앙에 정해야 한다.

② 용호정혈(龍虎定穴)

청룡과 백호란 혈의 보호지역이다. 용호가 멈춘 것을 보아 혈의 허실을 정하고, 용호의 선후를 보아 혈의 좌우를 정한다. 청룡이 유력하면 혈은 왼쪽에, 백호가 유력하면 혈은 오른쪽에 정한다. 청룡백호가 얕으면 혈은 얕은 곳에 정하고 높으면 높은 혈을 찾아야 한다. 용호가 없는 경우 없는 편에 물이 두르는 것이 좋다. 혈은 있는 것을 의지하고 없는 것은 의지하지 않는다.

(3) 태극정혈(太極定穴)

태극이란 만유(萬有)의 본체(本體)요, 이기(理氣)의 본원(本源)이다. 우주의 삼라만상은 모두 태극으로부터 비롯되고 또한 태극으로 돌아가므로 우주 그 자체이다. 태극으로 정혈하는 것은 그 은미(隱微)하고 방불(彷佛)한 형상을 잘 살펴 그 혈의 진적(眞跡)을 찾는 것이다. 즉 멀리서 보면 있는 듯하고 가까이서 보면 없고 곁에서 보면 들어나고 다가가서 보면 모호하다.

태극원운(太極圓暈) 위에는 물이 양쪽으로 흐르고 아래로 물이 합하는(여기서 물이란 흐르는 물이 아니고 약간 얕은 곳을 말한다) 곳이 명당으로 넓은 것을 바라지 아니하고 사람이 옆으로 누울 만한 곳이면 된다. 장서(藏書)에 승금(乘金), 상수(相水), 혈토(穴土), 인목(印木)이라 한 것은 모두 태극의 원운을 말하는 것으로서 승금이란 태극원운이 돌기(突起)한 것을 타는 것이고, 상수란 양변에서 원운을 보호하는 물이 8사(八字)로 나누어 와서 명당 앞에서 합하는 것을 말하고, 혈토란 중앙에 위치하여 기울어지지 않고 깊고 얕은 것을 적당히 파는 것이고,

인목이란 혈 아래 순전(脣氈)이 표출되어 증혈이 있음을 말한다. 혈을
정할 때에는 나무를 베고 풀을 깎고 깨끗하게 하여 상하좌우에 표를 세
우고 태극원을 살펴 높지도, 얕지도, 기울지도 않아야 한다.

(4) 양의정혈(兩儀定穴)

양의(兩儀)란 음양(陰陽)이다. 하늘은 일월(日月)로 음양을 삼고, 사
람은 남녀로 음양을 삼고, 땅은 산수(山水)로 음양을 삼는다. 그러나 그
각각의 음양 중에서도 음양이 따로 있으니 용은 용의 음양이 있고 혈은
혈의 음양이 있다.

음양에서 태극원운 사이에 살찌고 일어나는 것은 양이고 여위고 주
저앉은 것은 음이 되니, 이것이 혈법의 양의(兩儀)이다. 양룡에 양혈을
지으면 생이사별(生離死別)하고 양룡에 음혈을 지으면 자손이 벼슬하
고 음룡에 음혈을 지으면 여자가 송사를 많이 하고 음룡에 양혈을 지으
면 부귀한다고 '용혈가(龍穴歌)'에서 말하고 있다.

태극도설에는 2기(二氣)가 만물을 화생한다 하였는 바 원운 중에 살
찌고 일어난 부분을 양으로 하고 들어가고 야윈 부분을 음으로 삼는다.
이런 두 가지 형은 다 음양이기(陰陽二氣)가 교감하여 배합된 것으로
좋은 혈이니 반음반양 사이에 정해야 천지교태(天地交泰)하고 수화기
재(水火旣濟)하여 음양이 모이는 것이다.

※ 수승화강(水丞火降)을 이루어 모든 것이 해결된다는 것이 수화기
제이다.

(5) 삼세정혈(三勢定穴)

삼세(三勢)란 서고, 앉고, 조는 형세로 서 있는 세란 용신(龍身)이 솟아 기(氣)가 위로 뜬 것으로 천혈에 가하고 앉은 세란 몸을 굽혀 기운이 가운데로 감춘 것이니 인혈(人穴)에 해당하며 조는 세는 용신이 엎드려서 아래로 떨어진 것이니 지혈(地穴)에 해당된다. 즉 삼세란 천(天), 지(地), 인(人) 삼등혈법(三等穴法)이다.

① 천혈(天穴)

산세가 서 있는 형세로 머리가 구부린 것 같고 혈과 원운이 다 높고 안산, 용호 및 사방의 형세가 비슷하고 혈전에 평지가 있는데 산과 물이 위에 모인 것이다. 천혈에는 산 위에 있는 앙고혈(仰高穴), 머리아래에 있는 빙고혈(凭高穴), 산등에 있는 기형혈(畸形穴)등 3가지가 있다. 천혈은 바람을 타고 용맥이 늦은 것이니 만일 맥이 급하면 기형혈이 아니며 혈이 비록 높으나 올라가 보면 평지에 있는 것 같이 높은 줄을 깨닫지 못하는 듯한 혈이라야 쓸 수 있다.

앙고혈   빙고혈   기형혈

② 지혈(地穴)

산세가 누운 것 같고 머리가 제껴진 것 같은데 혈과 원운이 다 얕고 사방의 형세가 비슷하고 산과 물이 아래로 모인 것이다. 산기슭에 있는 현유혈(懸乳穴), 산 아래에 있는 탈살혈(脫殺穴) 평지나 밭 가운데 있는 장구혈(藏龜穴)이 있다. 이 혈은 득수(得水)가 가깝고 명당이 단정하면 재산이 풍부하게 된다.

③ 인혈(人穴)

산세가 앉은 것 같고 머리가 구부리거나 올려보지 아니하고 출맥, 결혈, 원운이 모두 높지도 얕지도 않고 조응(朝應) 용호(龍虎) 사세(四勢)가 비슷하고 명당수(明堂水)가 응하는 것으로 인혈은 중간에 있다. 천혈은 귀하고 지혈은 부(富)한 땅으로 대개 밭에 임하여 물이 가깝고, 인혈은 부귀를 겸한다고 하나 모두 믿을 수는 없지만 대개 귀한 땅은 높고 밝은 곳에 많고 부한 땅은 어둡고 침침한 곳에 많다.

(6) 사살(四殺) 및 삼정정혈(三停定穴)

① 사살정혈(四殺定穴)

사살이란 장살(藏殺), 압살(壓殺), 섬살(閃殺), 탈살(脫殺)을 말하는 것으로 뽀족하고, 곧고, 단단하고, 급하고, 날카롭고 억센 것을 살(殺)이라 한다. 내맥(來脈)이 길고 굴곡이 있어 곧지 아니하고 급하거나 딱딱하지 않으면 장살혈(藏殺穴)이 좋고, 날카롭고, 급하고, 딱딱하면 압살혈(壓殺穴)을 쓰는 것이 좋다. 내맥(來脈)이 곧게 내려오고 뽀족하여 벗어날 수 없고 사방의 기세가 가운데로 모이면 섬살혈(閃殺穴)에 정하고 내맥이 급히 나와 형세가 우뚝하니 높고 사방이 기세가 아래로 모이면 탈살혈(脫殺穴)을 정하는 것이 좋다.

② 삼정정혈(三停定穴)

삼정정혈이란 천(天).지(地).인(人) 삼재(三才)의 혈법이다. 좌(左), 우(右), 산(山)이 얕고 안산(案山) 또한 얕으면 지혈(地穴)을 정하고 먼산을 탐하여 천혈이나 인혈을 취하면 좌우산(左右山)이 다리 아래에 있게 되어 밟히는 듯하고 혈만이 높고 외롭게 드러나므로 바람을 받아 재산이 흩어지고 자손이 번창하지 못하며 과부가 생긴다고 한다.

좌우산(左右山)이나 안산(案山)이 높고 크면 천혈을 취해야 한다. 이런 곳에 인혈이나 지혈을 쓰면 복록이 줄어들고 자손이 잘 되지 않으며 흉화(凶禍)가 빈번하게 일어난다.

좌우산(左右山)이나 안산(案山)이 높지도 않고 얕지도 않으면 인혈(人穴)을 쓴다. 삼정혈(三停穴)은 오목한 것과 평탄한 것이 산상부(山上部)에 있으면 상정혈(上停穴)이고, 산중 허리에 있으면 중정혈(中停穴)이고, 얕은 곳에 있으면 하정혈(下停穴)이다.

삼정도

(7) 요감 및 취산정혈

① 요감정혈(饒減定穴)

요감법(饒減法)이란 부족한 것은 더해 주고 넉넉한 것은 감해서 혈을 정하는 것을 말한다.

요감은 또한 순역(順逆)으로 부르기도 하는데 받는 것이 순(順)이요, 내려간 것이 역(逆)이라 급하고 급하지 않은 맥을 구분하여 요감하여야 하는데 역으로 할 곳에 순(順)으로(감해야 할 곳에 더해주는 것)하면 벌레가 생기고 더해야 할 곳에 감해 주면 탈기(脫氣)되고 무너지고 용이 엉키고 상하게 되어 뼈가 말라 삭아 없어진다. 좌산(左山)에 물이 역수(逆水)하면 청룡을 감하고 우산(友山)에 역수(逆水)가 들어오면 백호를 감한다. 이는 모두 내용(來龍)의 맥상(脈上)에서 순역(順逆)을 말한 것이다.

● 요룡감호법(饒龍減虎法)

오른편 산인 백호가 먼저 내려와 왼쪽의 청룡을 안은 것으로 혈이 오른쪽을 향해 왼쪽을 베개삼은 것이니 청룡을 넉넉하게 하고 백호를 감해야 한다. 이때 물은 왼편에서부터 오른편으로 따라가는 것을 요한다.

요룡감호도

● 요호감용법(饒虎減龍法)

왼편의 청룡이 먼저 이르러 오른편의 백호를 안는 것으로 혈이 왼쪽을 향해 오른쪽 백호를 베개삼는 것이니 백호를 넉넉

요호감용도

히 하고 청룡을 감하는 것이다. 물이 오른쪽에서 왼쪽으로 역수된 것을
요한다.

② 취산정혈(聚散定穴)

기운이 모인 곳을 살펴 정하고 기운이 흩어진 곳은 피해야 한다. 기운
이 모이고 흩어지는 것도 두 가지가 있는데, 하나는 큰 형세의 취산이
고, 다른 하나는 혈장(穴場)의 취산이다.

반드시 큰 형세의 취산을 먼저 살펴야 하는데 모든 산이 둥그렇게 모
여들고 모든 물이 모여들어 기세가 커지고 모이는 곳이 있으면 혈 받는
산을 살펴 그 맥이 그치는 곳을 찾아보면 오목하거나 젖가슴(乳)처럼
드리거나 거품(泡)처럼 일어난 곳이 있고 사방의 산이 감싸고 물이 모
여들면 기운이 모이는 곳이다.

반드시 팔자형으로 혈 위에서 나누고 아래에서 합하고 안산이 있고
명당수가 모이는 곳에 연못이나 시냇물이 모여들고 멈춰지고 향하는
것이 모두 혈이 있음을 알려 주는 것이다.

다만 기가 응결된 것은 절대로 명당이 넓지 않다. 기운이 위에 모이면
혈은 높고 아래에 모이면 혈은 얕다. 그리고 기운이 가운데 모이면 혈
도 가운데 있다.

(8) 지장정혈(指掌定穴)

혈장(穴場)에 두 팔뚝이 있는 것은 인형(人形)이며, 팔뚝이 없으면 지
장법(指掌法)으로 분간하는데 엄지손가락과 둘째 손가락이 가장 귀하
다고 하였다. 이는 모두 장지법으로 혈을 정하는 요령이다. 제껴진 손

바닥형[仰掌]은 혈이 손바닥 중앙에 있고 옆으로 보는 손바닥형[順掌]도 같으므로 좌우로 치우치는 것은 안 된다.

용맥(龍脈)이 두 팔뚝을 일으키지 아니하고 작은 언덕으로 겸체(鉗體), 즉 팔을 벌린 형은 호구혈(虎口穴)을 취하고, 맥이 엄지손가락 곁으로 내려오면 대귀혈(大貴穴)이 좋고, 둘째 손가락 변으로 내려온 형은 대부혈(大富穴)이 좋다. 대부혈은 엄지일절[母指一切]에 있다.

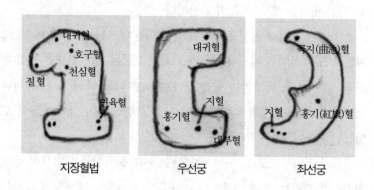

지장혈법   우선궁   좌선궁

① 대부혈(大富穴)

대부혈은 엄지일절에 있다. 산정에서 맥을 일으켜 단정하고 맞이하는 산이 먼저 닿고 동서로 물을 둘렀으며 기울어진 것이 없어야 한다.

② 곡지혈(曲池穴)

제3지(中指)의 2절에 있다. 산정에서 맥을 일으켜 명당이 바르고 뒤에 낙산(樂山)이 있고 물이 모였다.

이혈은 원진수(元辰水), 즉 본룡을 따라 흐르는 물이 곧은 것이 두렵고 원진수가 모여 흘러가지 않으면 흉하다. 좌우에서 흐르는 물이 교류함이 없으면 쓸 수 없다.

③ 구혈(球穴)

엄지와 둘째 손가락〔食指〕 중간에 있어 호구(虎口)혈 같다. 구혈은 혈장이 둥근 것이 좋고 물이 활처럼 휘어져 혈 앞에 이르는 것이 좋고 흐르는 물이 혈 앞에서 곧게 나가면 흉하다.

④ 조화혈(燥火穴)

용맥(龍脈)이 위에는 이마가 없고 아래가 날카로운 것이 조화혈인데 화재와 질병이 생기므로 취하지 말아야 한다.

⑤ 소탕혈(掃蕩穴)

위는 이마가 없고 아래에는 볼록하게 내밀고 흩어진 것이 소탕혈이다. 이 혈은 절멸(絶滅)하는 것으로 크게 흉하다.

⑥ 홍기혈(紅旗穴)

위에 이마가 있고, 아래는 둥근 것으로 둘째 손가락〔食指〕 첫째마디〔一節〕에 있다. 부귀하

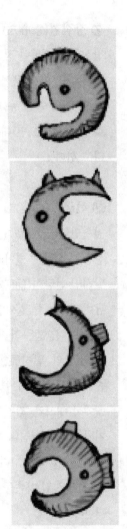

는 아주 좋은 혈이다. 조화혈, 소탕혈, 홍기혈이 일체삼격(一體三格)으로 위에서 본 바와 같이 조화혈과 소탕혈은 기울어지고 단정함이 없고 홍기혈은 이마가 일어나고 단정한 것으로 존귀하다.

⑦ 장심혈(掌心穴)

장심혈은 오목한 정중앙에 입혈(立穴)한 것이다. 좌우에서 응하는 산과 뒤에 있는 낙산과 혈 앞의 안산 등 사방(四方)과 명당이 잘 갖추어져 있으면 대부혈(大富穴)로 더욱 좋다고 한다.

⑧ 선궁혈(仙宮穴)

천혈만혈(千穴萬穴) 중에 가장 좋은 혈은 좌선궁, 우선궁 두 혈이 있고, 이 두 혈을 합해서 말하면 선궁혈(仙宮穴)이다. 좌선궁은 좌청룡이 우백호를 얼싸안아 좌청룡으로 기맥이 온 것이니, 혈은 좌변에 있다.

명당 앞의 갈지(之)자, 현(玄)자 물은 장손이 크게 부자가 될 것이다. 우선궁은 오른쪽에서 내려와 좌청룡을 얼싸 안은 것으로 기가 명당의 머리나 어깨에 있다. 명당이 단정하고 사(砂)가 고리를 하여 둥그렇게 둘렀으니 작은 집 자손들이 백여년이 넘도록 부귀한다.

좌선궁 혈

우선궁 혈

3. 피해야 할 나쁜 혈〔忌穴〕

혈 중에 좋은 혈만 취하고 나쁜 혈은 피해야 한다. 피해야 할 대표적인 나쁜 혈은 다음과 같다.

① 산세가 거칠고, 조잡하고, 급하고, 험악하고, 낭떠러지가 많고, 곧고, 단단하고, 오르기 어려운 것은 피해야 한다.

② 산세가 홀로 구름을 이루고 사면에 따르는 산이 없이 외롭고 혈에 임하는 맥이 노출되어 감추지 않는 것을 단한(單寒)하다고 하는데, 이와 같은 혈은 피해야 한다.

③ 산세가 추하고 뚱뚱하고 너무 넓으며, 허약하고, 푸석푸석하여 개미, 뱀, 쥐, 땅강아지 등이 구멍을 내고 그 구멍으로 생기가 누설되므로 좋지 않다. 혈 중에 빈 굴이나 구멍이 있어도 불길하다.

④ 혈처가 오목하게 꺼지고, 텅 비고, 이그러지고, 낮은 곳은 바람을 받게 되면 인정이 절멸하는 화를 당한다고 하니 반드시 피해야 한다.

⑤ 혈처가 말라 뼈가 드러난 것과 혈처가 돌출되어 감추지 못하고 바람을 받는 곳은 피해야 한다.

⑥ 혈처가 넓게 퍼져 물이 갈라지는 부위가 없이 산만하고 흑백의 모래와 돌이 서로 섞여 나무가 자라지 못하고, 누런 갈대만 듬성듬성 있어 머리에 종기가 난 것 같은 곳은 피해야 한다.

⑦ 혈처가 날카롭고, 가늘고, 질펀하고, 무르고, 평평한 것은 피해야 한다.

⑧ 혈처가 높고 험하고 딱딱해서 무서운 곳은 피해야 한다.

⑨ 어둡고 그늘지고 차가운 땅은 양시(養尸)라 하는데, 이런 곳은 혈이 없으므로 이용해서는 안 된다.

4. 흙과 심천(深淺)

(1) 흙의 질[土質]

혈은 생기의 순화를 이루는 것이므로 이를 방해해서는 안 되고 생기의 융합을 돕는 것이어야 한다. 그러기 위해서는 우선 흙의 질을 살펴봐야 한다. 흙은 단면이 윤이 많고, 미세하고 딱딱하며, 광택이 있고 오색을 갖춘 것이면 더욱 좋다.

흙이 건조하고 윤택이 없고 습기가 너무 많아 흙의 단면이 미끄럽지 못하고 거칠며 샘물이 있거나 모래 자갈이 있는 것은 벌레가 들어오고 물이 들어오며 바람을 끌어들이기 때문에 생기가 누설되어 흩어져 버린다. 이와 같이 혈장은 흙의 질이 매우 중요하다.

(2) 흙색[土色]

흙은 일반적으로 황색을 띤다. 그러나 흙 속에는 오행의 기가 흐르고 있고, 오행은 각각 청색, 적색, 황색, 백색, 흑색 등 다섯가지 색을 가지고 있기 때문에 이 다섯가지 색상을 겸비하고 있으면 5행의 기가 존재한다는 점에서 더욱 좋은 것이다. 혈은 흙을 본체로 하기 때문에 황색

한다는 점에서 더욱 좋은 것이다. 혈은 흙을 본체로 하기 때문에 황색을 주(主)로 하고 다른 네가지 색은 종(從)으로 한다.

이와 같이 주된 황색과 다른 네가지 색은 황색과 상생(相生)관계가 이루어져야 한다. 다섯가지 색이 구비된 것이라면 5행의 상생원리에 따라 금, 수, 목, 화, 토의 본래의 색상인 백색, 흑색, 청색, 적색, 황색 등 순위로 서로 상생되어야 하고, 2색, 3색을 불문하고 서로 상생함이 좋은 것은 같은 원리이다.

(3) 심천(深淺)

혈에는 생기가 응결되어 있기 때문에 기의 손상을 피하고 감응을 얻기 위해서는 너무 깊게 파거나 너무 얕게 파서는 아니되므로 그 깊고 얕음이 매우 중요하다.

일반적으로 혈토는 부토(浮土)와 진토(眞土)로 구분된다. 부토(浮土)는 표토(表土)로부터 진혈을 맺은 곳까지의 흙이고, 진토(眞土)란 진혈이 맺힌 부토 다음의 흙이다. 일반적으로 부토는 2~3척(60cm~90cm)에서 10척(300cm)정도 된다고 한다.

부토 다음에 곧바로 진기(眞氣)가 응결하는 진토가 있기 때문에 너무 많이 파면 기를 손상할 우려가 있고, 너무 얕게 파면 기에 이르지 못하기 때문에 예리하게 관찰하고 주의해야 한다.

제 4 장

물(水)이란 무엇인가

1. 물의 성질

우주의 모든 삼라만상은 물로 인해 생성되고 변화한다. 사람을 비롯해서 모든 생명체는 물이 없으면 생명을 유지할 수없는 것과 같이 풍수에 있어서도 물을 빼놓고 논의할 수 없다. 풍수에 있어 산(山)과 물(水)은 가장 근본이 되는 요소이고 풍수 그 자체이기도 하다. 산(山)의 기(氣)는 물을 만나야 멈추어서고 물(水)의 기(氣)는 산을 만나지 않으면 조화를 이루지 못한다. 즉, 산이 없으면 기를 받을 수 없고, 물이 없으면 기를 도울 수 없다.

산은 그 성질이 정(靜)이며 물은 동(動)이다. 그러므로 본성으로 보면 산(山)은 음(陰)이고, 물(水)은 양(陽)이다. 이를 다시 체(體), 용(用)으로 보면 음(陰)은 체(體)이고, 양(陽)은 용(用)이기 때문에, 길흉화복은 물에서 더 빠르게 나타난다. 그러나 풍수에 있어서는 산과 물을 양립시켜 산은 움직이는 용, 기맥이 흐르는 용으로 보기 때문에 양으로 하고, 물은 유동하는 본성이 있지만 동하는 것보다 정하는 것을 바라기 때문에 음으로 본다.

따라서 물이 본성대로 유동하면 생기의 순환은 고사하고 산의 생기를 씻어가 버린다. 그러나 흘러들어온 물이 고여 흐르지 않으면 좋지 않다. 물은 혈 앞을 유유히 흘러 조용한 것이 좋고 흘러가는 출구를 막아서는 안 된다. 풍수에서 물은 직류(直流)하는 것을 꺼리고 굽이굽이 굴곡을 이루어 흐르는 것을 바란다.

(1) 물의 득파(得破)

혈(穴)을 향해 들어오는 물을 득(得)이라 하고 흘러가는 물을 파(破)라고 한다. 득이란, 물을 얻는다는 뜻이고 파란, 물을 헤친다는 뜻이다. 득파(得破)란 개폐(開閉)와 시종(始終)을 의미하기도 하고, 음양(陰陽)을 뜻하기도 한다. 풍수의 본질은 음양의 생기(生氣)를 타 감응하는 것이므로 물이 오고가는 것도 음양으로 분별하여 생기의 활동을 도우려고 노력하는 것에 주의해야 한다.

물이 혈을 향해 흘러오는 것을 천문이라 하고 흘러가는 것을 지호라 한다. 물이 들어오는 것이 처음 보이는 장소를 천문이라 하고 물이 파해서 흘러가는 것이 마지막으로 보이지 않는 장소를 지호라 한다. 천문(天門)은 넓게 열려야 좋고 지호(地戶)는 밀폐되어야 좋다.

(2) 수구(水口)

수구(水口)란 좌청룡, 우백호가 서로 포용하는 사이를 흐르는 혈내의 두 줄기 물이 합해서 혈밖으로 나가는 곳을 말한다. 혈은 용이 입수(入首)한 것이므로 청룡과 백호가 얼싸안은 곳이 입과 같이 생겼다고 하여 수구라고 하였다는 의견과 청룡과 백호가 서로 입을 댄듯한 곳이므로 수구라 한다는 말이 있다. 수구에는 양수구(陽水口)와 음수구(陰水口), 음양수구 등 세가지가 있다.

청룡이 짧고 백호가 길며 백호가 청룡을 감싸안은 듯한 수구를 음수구라 하고, 반대로 백호가 짧고 청룡이 길어 청룡이 백호를 얼싸안은 듯한 수구를 양수구라 한다. 그리고 청룡과 백호의 길이가 대등한 경우의 수구를 음양수구(陰陽水口)라 한다. 수구란 원래 음양의 두 가지 물이 합한 것이지만 위와 같은 경우는 청룡, 백호의 형체에 따라 나눈 것이다.

(3) 물의 음양(陰陽)

혈 앞의 물을 음양으로 나누는 것은 음래양수(陰來陽水), 양래음수(陽來陰水)를 이루고 음양의 충화를 성립시켜 생기(生氣)감응이 일어나도록 하기 위한 것으로 볼 수 있다. 음래양수, 양래음수란 물이 모이고 변화하는 것으로 음수가 오고 양수가 이를 받으며 양수가 오면 음수가 이를 받아야 충화가 성립된다는 뜻이다.

물이란 높은 곳에서 낮은 곳으로 흐르기 마련이지만 좌우 굴곡이 있는, 즉, 변화가 있는 물이 생기가 있는 물이다. 혈 앞의 물은 음수(陰水)와 양수(陽水)가 합치는 것이 좋다. 음수가 우세하면 여자가 많이 나고 양수가 우세하면 남자가 많이 난다. 혈 앞의 물을 음양으로 나누는데 다음의 세가지 방법이 있다.

① 용호(龍虎)에 따른 구분
청룡의 물은 양수, 백호의 물은 음수로 본다.

② 방위에 의한 구분
24방위 중 갑(甲), 병(丙), 경(庚), 임(壬)은 양간(陽干)이므로 이 방위의 물은 양수이고 을(乙), 정(丁), 신(辛), 계(癸)는 음간(陰干)이므로 이 방위의 물은 음수이다.

③ 좌우에 의한 구분

물이 왼쪽에서 시작해서 오른쪽으로 가는 것은 양수이고, 오른쪽에서 왼쪽으로 가는 것은 음수이다.

(4) 득수법(得水法)

혈 앞을 흐르는 물은 혈의 생기를 관장하는 방위에서 발생하고 생기가 왕성한 곳은 그냥 지나고 생기가 크게 왕성한 혈 바로 앞에서 멈춰 모여서 돌아보고 머무르며 생기가 장차 쇠퇴하려는 곳은 적셔주고 생기가 새롭게 변천하려는 곳으로 흘러가서 그대로 멈춰버리지 않도록 해야 한다. 이상은 금낭경(錦囊經, 중국 진(晉)나라때 곽박(郭璞)이 지었다는 장서(藏書)임)의 득수(得水)의 원칙(原則)을 당(唐)나라 현종 때 장설(張設), 홍사(泓師), 일행이 주석한 것이다.

방위도

위 방위도의 방위를 보면서 실제 예를 하나 들어보기로 하자. 태산(兌山)은 금(金)에 속하므로 물은 금을 낳는 토, 토를 낳는 화의 쪽 즉, 사(巳) 쪽에서 흘러와야 하고 잠시 흘러 이 태산에서 생기가 성해지는 곤신(坤申)의 방향에 이르러 다시 생기가 크게 성한 경유(庚酉)의 방향으로 모이고, 혈 앞을 한 번 돌아 생기가 장차 쇠하려는 신술(辛戌) 방향으로 돌아오며 생기가 새롭게 변천하는 건해임(乾亥任) 쪽으로 흘러가야 한다.

이와 같이 방향을 오행의 상생관계에서 고찰하여 물의 왕성한 생기를 혈 앞에 모아서 산의 생기와 음양충화 및 순화를 도모코자 함이다. 호순신(胡舜申)은 『지리대전(地理大典)』에서 득수(得水)의 관찰법이란 외수(外水)의 대소심천(大小深淺)을 기준으로 땅의 경중을 식별하고 내수(內水)의 분합(分合) 즉 나누어지고 모이는 것을 살펴 그 땅의 진위를 가리는 것이 전부라고 말했다.

2. 물의 종류(種類)

물의 종류는 일반적으로 여러 가지 방법에 의해 분류되고 있다. 그러나 여기서는 과학적으로나 의학적으로나 또는 생활수로 분류되는 것을 제외하고 풍수적 측면에서만 관찰하기로 한다. 물은 『명산론(明山論)』〔묵암노인(北巖老人) 채성우(蔡成禹) 편저, 시대불명〕에서 말한 일곱가지 종류 외에 혈을 중심으로 그 원근에 따라 내수(內水)와 외수(外水)로 나누고 혈에서 가까운 것을 내수라 하고, 혈에서 먼 것을 외수라 한다.

외수에는 주작수(朱雀水), 조수(朝水)가 있고, 내수에는 팔자수(八字水), 하수수(蝦鬚水), 극운수(極暈水), 원진수(元辰水) 또는 천심수(天心水), 진응수(眞應水)가 있다.

(1) 명산론(明山論)의 7가지 물의 종류

① 진룡수(進龍水)

내수구(內水口)로 뛰어들어 혈 앞에 흐르는 것을 말하며 자손이 벼슬을 하거나 재산적인 이득을 얻는다고 한다.

② 승룡수(乘龍水)

혈의 좌우에 있는 물이 혈 앞에 모여서 합류하는 것을 말한다. 가축이나 식재(食財)를 얻는다고 한다.

③ 수룡수(隨龍水)

멀리서 래룡(來龍)을 뒤쫓아와서 혈을 싸고 안음이 분명한 것을 말하며 부귀를 누린다고 한다.

④ 조룡수(朝龍水)

주작(朱雀)에서 와서 혈에 모여 이중삼중 물이 겹치는 것을 말한다. 부귀융성한다고 한다.

⑤ 요룡수(遶龍水)

결혈의 위치에서 혈을 둘러싼 것으로 2중보다 5중이 좋다. 역시 부귀를 누린다고 한다.

⑥ 호룡수(護龍水)

물이 흘러가야 할 곳에서 역류하여 혈 앞으로 모이는 물로 2중보다 5중이 좋다. 충효와 부귀를 누린다고 한다.

⑦ 현무수(玄武水)

혈 주위를 난간처럼 둘러싸는 물로써 백복과 자손이 번창한다고 한다.

(2) 혈을 중심으로 한 내외수(內外水)

① 외수(外水)

● 주작수(朱雀水)

혈 앞을 가로질러 흐르는 물로 유유히 흘러 혈 앞에서 체류하여 유정한 것이 좋으며 흐름이 급하고 소리가 나는 것은 흉(凶)하다고 한다.

● 조수(朝水)

혈 앞을 흐르는 물로 둥글게 굽으며 천천히 흐르고 물이 흐르는 것은 좋고 혈을 향해 똑바로 급하게 흐르거나 소리를 내는 것은 흉(凶)하다고 한다.

● 거수(去水)

혈 앞에서 직류로 흘러가는 것을 말하며 혈에서 보이는 것은 극히 흉하다. 다만 혈을 향해 거수의 형태를 취하더라도 수계(水系)가 역조(逆潮)하는 것은 길하다고 한다.

② 내수(內水)

● 팔자수(八字水)

혈 뒤쪽 현무(玄武)에서 좌우로 나누어 출발하는 양수(兩水)가 흡사 팔자형을 이루기 때문에 팔자수라 한다. 양수는 반드시 혈 앞에서 합하는 것이어야 한다. 이것을 팔자의 분합이라 한다. 현무의 상부에서 오는 대팔자수(大八字水)와 두뇌의 상부에서 오는 소팔자수(小八字水)가 있다.

● 하수수(蝦鬚水)

혈 주위에 마치 새우 수염같은 물이 몇가닥 있어 혈을 둘러싼 것으로 혈 앞에서 옷의 동정처럼 합하는 것을 말하며 이를 합금수(合擒水)라고 한다.

● 극운수(極暈水)

혈 주위를 돌아 은밀하게 흐르는 것으로 주시하면 형체가 없는 것 같고 가까이서는 볼 수 없는 모호한 지맥의 기복을 말한다.

● 진응수(眞應水)

혈 앞에 흘러 넘치는 샘물이다. 용의 기세가 왕성하여 샘이 된 것으로 진혈에만 있다. 그래서 진응수라 한다. 이 물은 맑고 감미로워야 하며 영천(靈泉)이라 부르기도 한다. 부귀를 이룬다고 한다.

● 원진(元辰) : 천심수(天心水)

용호의 안쪽 혈 앞 동정이 합해지는 지점에 있는 것을 원진(元辰)이라 한다. 물의 유무에 관계없이 낮은 곳을 점하고 있으며 그 앞쪽에 산이나 물이 있어 이를 차단하는 것이 있으면 좋다고 한다. 천심(天心)은 명당의 중정(中正)을 말한다. 이곳에 물이 모이면 좋고 바로 흘러가 버리면 흉하다고 한다.

(3) 기타 물의 종류

위에 열거한 것 외에도 물의 종류는 실로 다양하나 그 중 몇가지만 더
설명하고자 한다.

① 해조(海潮)

바다는 여러 강물이 모이는 곳이다. 수세가 모이는 곳이 가장 귀한데
수세가 모이면 용세도 크게 모이기 때문이다. 큰 용은 대부분 바닷가에
멈춰서 결혈한다. 왕후나 부귀함을 낳는 일이 많다. 조수는 머리가 희
고 높은 것이 길하다고 한다. .

② 강수(江水)

큰 강은 여러 하천의 물줄기가 모이는 것으로 그 혜택 또한 대단하다.
대도시는 큰 강물이 둘러싼 곳에 발달한다.

③ 호수(湖水)

호수도 물이 모이는 곳이다. 그 형상이 넓고 수면이 잔잔하면 더욱 좋
다. 호수의 크고 작음은 관계하지 않는다. 음택, 양택이 모두 호수를 향
해 있으면 좋다고 한다.

④ 계수(溪水)

계곡 사이에 흐르는 물로 용이 작은 것은 계곡 사이에 결혈한다. 계곡
의 물은 굴곡이 완만하여 천천히 흐르는 것이 좋다. 소리를 내거나 급
하고 바른 것은 좋지 않다고 한다.

⑤ 지당수(池塘水)

지세가 패인 곳에 물이 모여드는 것으로 자연적으로 생성된 것이 좋다. 혈 앞에 지당수가 있으면 질병이나 화재 등을 막아 준다고 한다. 인위적으로 메워버리면 좋지 않다고 한다.

⑥ 가천(嘉泉)

맛이 달고 향기가 나고 사시사철 마르거나 넘치지 아니한다. 이 샘이 혈 근처에 있으면 부귀를 가져다 준다. 사람이 마시면 부귀장수할 수 있다고 한다.

3. 수맥(水脈)과 풍수

(1) 수맥이란 무엇인가

수맥이란 무엇인가! 수맥이란 땅속을 흐르는 물줄기 또는 지하수 그 자체를 말한다. 모든 물체에는 파장이 있듯이 수맥에도 파장이 있다. 이른바 수맥파다. 이 파장이 인체에 나쁜 영향을 주어 심신이 피곤하거나, 불면증, 스트레스, 신체 기능의 장애 등을 유발하기도 한다는 것이 일반적인 주장이다. 이와 같은 관점에서 볼 때 수맥은 우리들의 생활과 건강에 너무나 중대한 관련을 맺고 있다는 사실을 알아야 하고 또한 그에 대한 대책을 아울러 세워 나가야 할 것이다.

그리고 수맥이 음택 밑을 지나가게 되면 수맥파의 좋지 못한 영향이 조상의 유골을 통하여 자손에게 끼친다는 것이다. 따라서 지기의 감응은 커녕, 자손들이 질병에 시달리거나 여러 가지 파란을 겪게 되는 경우가 많다고 한다.

(2) 수맥에 대한 연구

땅속 깊은 곳에서 이동하는 수맥의 흐름을 정확하게 알아 낸다는 것은 참으로 힘드는 일이다. 인간의 지혜와 육감으로 자연현상의 일부인 미세한 수맥파까지를 감지한다는 것은 거의 불가능한 일이라 할 수 있을 것이다.

그러나 현대 과학의 발달은 땅 속의 자연의 반응을 알아내는데 정신 집중력이 뛰어난 사람으로 하여금 과학적 기구에 의해 수맥찾기에 도전하여 정확하게 수맥을 찾는데 성공하였다.

① 전파탐지기

첨단과학장비인 전파탐지기로 수맥을 찾아내는 것이다. 과학적이고 정확하다고 생각할지 모르나 실제 수맥 굴착공사의 경우 수맥의 위치에서 그 근처를 굴착한다고 하여 물이 나오는 것이 아니고 만약 수맥이 암반 사이로 흐른다면 1cm만 빗겨가도 전혀 물이 나오지 않는다고 하니 수맥을 바로 진단하기에는 매우 어려움이 많다.

② 나뭇가지 사용법

Y자형으로 갈라진 물에 민감한 버드나무 등의 나뭇가지를 양손으로

붙잡고 지나가면 수맥이 있는 곳에서는 밑으로 폭 수그러진다.

또 ㄱ자형 나뭇가지 2개를 양손에 하나씩 나란히 잡고 걸어가면 수맥이 흐르는 곳에서는 나무가지가 서로 안으로 휘어진다.

③ 추(錘)를 사용하는 방법

추는 흔들리는 물체로 돌멩이, 쇠붙이, 열쇠고리, 500원짜리 동전 정도이면 된다. 이것을 가는 끈으로 묶어서 20㎝ 정도의 길이로 하여 손에 잡고 수맥탐사 지역을 걸어가면 수맥이 흐르는 곳에서는 추가 흔들리게 된다. 이때 추의 흔들리는 반경의 크기에 따라 수맥의 깊이와 수량 및 범위를 짐작할 수 있다. 즉 추가 한번 흔들리면 10m, 이렇게 단위를 정해 들고 있으면 그 흔들리는 회수에 따라 깊이를 알 수 있고, 수량 또한 같은 방법으로 유추할 수 있다.

그리고 수맥이 흐르는 방향을 알기 위해서는 수맥 위에서 추가 흔들리는 편과 흔들리지 아니하는 편이 있는데 흔들리는 방향에서 흔들리지 않는 방향으로 수맥이 흐른다.

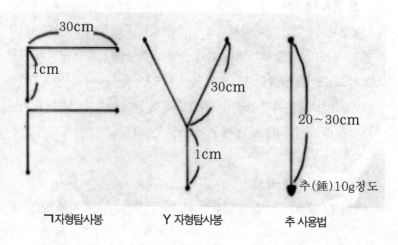

ㄱ자형탐사봉　　　　Y자형탐사봉　　　　추 사용법

④ 탐사자의 자세

● 정신집중훈련

탐사봉이나 추나 어느 것이나 수맥을 찾으려면 무엇보다도 정신집중 훈련이 선행되어야 한다. 땅 속 깊숙이 흐르는 수맥을 탐지하려면 수맥의 진동파가 탐사봉이나 추를 통해 탐사자의 두뇌에 영향을 주게 되고 이것을 감지한 두뇌에서 그 손에 들고 있는 탐사봉이나 추가 수맥이 지나가는 곳에서 움직이게 되는 것을 보고 판단하는 것이다.

● 자세

수맥을 찾고자 하는 마음가짐을 단단히 하고 편안한 자세로 긴장을 푼다. 그리고 탐사 지역을 천천히 걸어간다. 몹시 피곤하거나 정신집중이 안 된 상태에서는 탐사를 중지하여야 한다.

⑤ 기타 방법

지반이 내려 앉거나 벽체나 담장에 금이가 갈라지는 현상이 나타나면 수맥이 통과한다고 보아야 한다. 또한 논둑이 꺼지고 사태가 나는 것의 대부분이 수맥 때문이다. 묘지에서도 봉분이 내려앉거나 잔디가 잘 자라지 못하고 골아 죽거나 축대가 무너지는 등의 현상은 모두 수맥이 지나간다고 보아야 한다.

(3) 수맥과 건강

① 수맥과 암

수맥파란 일시에 엄청난 힘을 미치는 것이 아니고 매우 미세하게 계속되는 파장이므로 일시에 큰 영향을 주는 것은 아니지만 오랜 기간 동안 계속적으로 수맥 위에서 잠을 자거나, 일을 하거나, 앉아 있으면 뇌파에 영향을 주어 뇌파가 이상을 일으키거나 혈압 및 순환기 장애나, 불안, 초조, 불면증을 가져와 결국 건강을 해치게 된다고 한다.

독일의 구스타프(Gustav)는 같은 마을에서 암환자가 많이 발생하여 사망한 사실을 알고 먼저 그 지역의 수맥을 탐사한 후 암사망자의 기록을 확인한 결과 그들은 모두가 수맥 위에서 장기간 생활한 사실이 밝혀졌다. 그뒤 그는 수맥에서 방사되는 에너지가 사람뿐만 아니라 동ㆍ식물에까지 질병에 영향을 준다는 것을 알아냈다. 그는 시험적으로 지하실에 수맥파 차단과 방지시설을 해보았는 데 효과가 있었다. 그는 수맥파가 계절에 따라 다르고 하루 중에도 낮보다 밤에 훨씬 강하고 장마철에 더 많이 영향을 준다는 것도 밝혀 냈다고 한다.

이와 같은 관점에서 최근 우리나라의 암환자 증가가 수맥과 어떤 관련이 있는지 조사해 볼 필요가 있다고 본다. 만약 암환자의 주거환경(거실, 침실, 사무실, 작업실, 입원실 등)이 수맥과 관련이 있다면 그들의 건강회복과 치료를 위해 현대 첨단 의학은 물론이지만 수맥차단 및 이사 등 필요한 조치가 동시에 강구되어야 할 것이다. 서양에서도 암환자의 발생벨트를 매우 중요시 하고 있다.

② 수맥과 양택

수맥이 지나가는 곳에 성곽을 쌓거나 주택이나 담장 등 시설물을 설치할 경우 금이 가거나, 무너지거나 함몰된다고 한다.

침실 밑에 수맥이 지나가면 잠을 깊이 자지 못하고, 머리가 아프고, 불안해지고, 초조해진다. 또한 불면증에 시달리고, 일상 생활이 피곤하고, 짜증스럽고 스트레스가 쌓여 신경쇠약에 걸리기 쉽다. 임산부는 특히 주의해야 하는데 수맥파에 민감한 태아에 영향을 주기 때문이다.

수맥파는 아파트나 고층건물의 경우 지하층에서 상층까지 같은 위치에서는 그 파장이 같이 미친다.

③ 수맥과 사무실

하루 종일 책상에 앉아 일하는 직원이 그의 책상 밑으로 수맥이 지나간다면 그 직원은 알게 모르게 수맥의 영향을 받게 마련이다.

머리가 아프고 일의 능률이 떨어지고 스트레스를 받게된다. 젊고 건강한 사원들은 수맥의 영향을 덜 받을 수도 있으나 허약하고 질병이 있거나 나약한 여사원에게는 그 영향이 상승 작용을 한다고 본다.

또한 컴퓨터나 복사기, 기타 정밀한 사무기기 등은 잦은 고장을 일으키거나 오류를 범하는 경우가 있을 수 있다.

④ 수맥과 음택(묘지)

묘지에 수맥이 지나가면 반드시 이장해야 한다. 수맥은 지하 암반 속으로 흐르므로 특별한 사정이 없는 한 암반을 뚫고 솟아오르지는 않겠지만 묘지 아래로 수맥이 통과하면 수맥파가 지기의 감흥을 저해하여 자손에게 나쁜 영향을 미친다고 본다. 묘지를 이장하여 화난을 사전에 예방하는 것이 좋다.

만약 묘지에 수렴(水廉)이 들면 잔디는 말라서 자라지 못하고 봉분이 내려앉거나 석물이 기울어지는 현상이 나타난다. 따라서 묘지에 수맥이 지나가는지 여부보다 주변의 여러 정황을 관찰할 필요가 있다. 수렴의 징후가 나타난다면 즉시 이장을 서둘러야 할 것이다.

근래에 조상들의 묘지에 수맥이 지나면서 나쁜 영향을 받은 사람들의 실례가 생생하게 많이 소개되었다.

(4) 수맥파 예방법

① 동판, 숯 등의 사용

양택에 수맥이 흐르고 있다는 사실이 밝혀지면 수맥이 지나는 곳에 동판을 묻거나 침대 밑에 동판을 깔아 주면 수맥파는 차단된다고 한다. 동사나 동파이프 등을 시설에 이용할 수도 있다. 또한 농작물을 재배하는 농토에도 수맥파가 영향을 주면 농작물의 성장발육을 저해하고 수확이 감소되며 과일은 당도가 떨어지는 등 나쁜 영향을 주기 때문에 숯을 농토에 뿌려주면 그 재해를 예방할 수 있다.

축사의 경우도 수맥이 지나간다면 그 위에 있는 가축은 식욕이 부진하고 심하면 폐사하는 경우가 있다. 이런 경우 축사를 옮겨야 하는 것은 두 말할 필요가 없다. 만약 옮기는 것이 어렵다면 축사 밑에 동제품의 항아리나 동판을 묻거나 숯덩어리를 묻고 사료에 숯가루를 썩어 먹이는 것이 좋다고 한다.

② 전자파 및 자연적 영향

우리의 생활 주변에는 수맥파 이외에도 전자파나 소음 등 인체나 동·식물에 나쁜 영향을 주는 것이 헤아릴 수 없이 많지만 반대로 우리에게 좋은 영향을 주는 물체도 많다. 우선 신선한 음식이 그것이고 아름다운 소리나 향기가 있다. 좋은 기를 발산하는 물체로는 수정, 옥, 금, 은, 다이아몬드, 황토, 맥반석 등 광물류와 소나무, 회나무, 주목, 대나무, 난초, 약초, 인삼 등 식물류가 있다.

그리고 자신이나 단체 회사 등을 상징하는 마크나 간판 등의 모양과 색체에 따라 좋은 영향을 주는 것과 좋지 못한 영향을 주는 것이 있다고 한다. 일반적으로 원형, 정사각형, 육각형 등은 좋고 삼각형, 직사각형, 다이아몬드형은 나쁘다고한다.

색채도 녹색이나 노란색, 핑크색은 좋고 검정색이나 보라색은 나쁜 반면 빨간색은 노인에게는 좋으나 일반적으로는 좋지 않고 파란색이나 흰색은 좋고 나쁜 것이 반반아라고 한다.

제 5장

양택풍수(陽宅風水)

1. 집[宅]과 집터[基]

사람이 살아가는 집을 택(宅)이라고 하고 집이 들어선 밑자리의 땅을 집터 또는 기(基)라고 한다. 기(基)에는 대체로 두 가지의 종류가 있다. 하나는 한 나라의 수도(首都)나 시도의 소재지(所在地), 읍(邑), 면(面) 소재지와 같이 그 나라 국민들의 생활 터전이 되는 공간을 말하고, 다른 하나는 개인의 생활 공간인 집터 즉 주택지가 있다.

이와 같이 모든 살아 있는 사람의 주택이나 부락·도시·항구·수도 등을 총칭해서 양택(陽宅)이라고 한다. 이러한 양택(陽宅)도 묘지인 음택(陰宅)과 같이 땅의 형세가 음양이 충화하고 오행(五行)이 상생(相生)하여 생기(生氣)가 충일한 것이 좋다. 장풍(藏風)·득수(得水)·사사(四砂)·방위(方位) 등 음택의 그것들과 다를 바 없다.

다만 음택은 땅 속의 집이기 때문에 땅 속에 흐르는 생기를 직접 받는 반면 양택(陽宅)은 생기(生氣) 있는 땅 위에 집을 지어 사람이 생활하면서 간접적으로 땅 속의 생기를 향유하고 땅 위의 형세(形勢)와 직접 기를 향유한다. 따라서 양택(陽宅)은 지상(地上)의 형세(形勢)에 크게 비중을 둔다. 이중환의 『팔역지(八域誌)』에 보면 양택(陽宅)의 기본을, 수구(水口)·야세(野勢)·산형(山形)·토색(土色)·수리(水理)·조산수(朝山水)의 6가지 요소로 구분하고 이 여섯가지 요소의 좋고 나쁜 것을 기준으로 살기 좋은 곳을 말하고 있다.

현대 생활에서도 겨울에 햇빛이 잘 들고, 여름에 습하지 않도록 하고, 일조량(日照量), 통풍(通風), 배수(排水), 전망(展望) 등 풍수적 기(氣)

를 살릴 수 있는 즉, 풍수지리를 이용한 리모델링이 크게 유행하고 있다.

(1) 수구(水口)

수구(水口)가 거칠고 넓게 비었으면 아무리 좋은 문전옥답이 널려 있더라도 자연히 없어지기 때문에 후세에 전할 수 없다. 그렇기 때문에 수구(水口)에 관진(關鎭)이 있고 안으로 물을 넣을 수 있는 곳을 주목해야 한다. 산 속에서는 관진이 쉬우나, 들 가운데에는 그것이 어려울 때에는 역수(逆水)로 해서 이곳을 차단하면 좋다. 관진은 중첩되면 더욱 좋다고 한다.

(2) 야세(野勢)

사람은 양기(陽氣)를 얻어서 살기 때문에 하늘이 보이지 않는 곳에서는 살지 말 것이다. 들은 넓어야 좋고 일월(日月)과 풍우(風雨)를 잘 받아야 훌륭한 인물이 나오고 질병이 적다. 사방으로 산이 높아 해 뜨는 것을 보기 어렵고 해가 일찍 지고 밤에 북두칠성을 보기 어려운 곳은 병이 많은 곳이다.

(3) 산형(山形)

산형은 누각(樓閣)이 나르는 듯한 것으로 주산(主山)이 수려하고 단정하며 청명한 것이 제일 좋다. 산이 멀고 평평하고 산맥이 평지로 떨어져 머무는 곳이 야기(野基)로 기름진 들판이 된다. 내룡(來龍)이 끊어지고 생기가 없는 곳은 좋지 않다고 한다.

(4) 토색(土色)

땅 색이 좋지 않으면 인재가 나오지 않는다. 땅 색이 좋고 돌이 많고 물이 깨끗하면 살 만한 곳이다. 흙이 누렇고 질면 사토(死土)이며 물도 깨끗하지 못하니 이런 곳에서는 살지 않는 것이 좋다고 한다.

(5) 수리(水理)

산은 물을 얻어야 화생(化生)의 묘(妙)를 다하는 것이기 때문에 그 오고 가는 이치에 맞추어 서로 모이는 것이 좋다. 양택(陽宅)에서는 물은 재산을 관장하기 때문에 물이 모이는 해변에 부유한 집과 유명한 마을이 많다. 산 속이라 하더라도 계곡물이 모이면 살 만한 곳이라고 한다.

(6) 조산수(朝山水)

조산에 석봉(石峯)이 있고 기암 괴석이 산 아래 위에서 나타나고 긴 계곡과 충사(沖砂)가 보이는 곳은 살 곳이 못 된다. 조산은 멀리서 보면 맑고 수려하고 가까이서 보면 밝고 아름다운 산으로 한 번 보면 즐겁고 싫지 않으면 좋은 곳이다. 조수는 물이 흐르는 바깥에 있는 물이니 작은 시내나 강은 역조(逆朝)하면 좋고 큰 강에 이르러서는 역수하지 않아야 한다. 큰 강을 거슬러 오는 곳에 집이나 묘를 쓰면 처음에는 흥하는 듯하다가도 오래되면 망하는 곳이니 경계해야 한다.

2. 양택(陽宅)의 구성 요소

집은 대문(大門)과 안방(內室) · 부엌 · 현관 · 화장실 · 담장 · 정원 등으로 구성된 복합체이다. 그 중에서도 대문과 현관 · 안방 · 화장실 기타의 순으로 요소별로 설명하고자 한다.

(1) 대문(大門)

집의 외적 구성 요소로 담장 · 울타리 · 대문 등을 들 수 있는데 이들 요소는 주인의 인격과 가족의 건강에 절대적 영향을 준다고 보고 있다.

대문은 출입의 통로로서 주택과 외부와 경계에 있는 가장 중요한 시설이다. 따라서 대문의 길흉이 주택에 큰 영향을 준다. 집터의 중심에서 서북쪽으로 대문을 내면 가장〔主人〕이 힘을 잃고 허약해진다. 남서향에 대문을 내면 여주인의 건강이 좋지 않다. 그리고 북쪽에 대문을 내면 주정뱅이가 난다.

대문(大門)의 대지가 주택 바닥의 대지보다 낮을 경우 가장이나, 장남이 이성문제(異性問題)가 생기고, 대문(大門)의 대지가 주택 바닥의 대지보다 높은 경우 차남 · 삼남이 가업을 승계하거나 양자가 승계할 운이다. 대문(大門)이 대지 안으로 들어와 있으면 좋지 않고 비슷한 크기의 대문(大門)이 두 개가 있으면 두 집 살림을 하게 되고 파쟁이 일어난다. 대문(大門)은 담장보다 높아야 하고, 경사진 터에 대문이 높은 지대에 있으면 좋지 못하다.

특히, 대문(大門)이 안채에 비해 지나치게 크거나 현관과 마주보고 있으면 외도하거나 자만에 빠지기 쉽고 부자간에 불화한다. 대문(大門)에 등나무 넝쿨을 올리면 주부가 허영심이 많아지고 터널을 만들면 불운하다고 한다.

(2) 안방

집터의 생기는 사람이 잠잘 때 가장 많이 받는다고 한다. 사람이 활동할 때에는 태양과 공기에서 기를 받고 잠을 잘 때에는 땅에서 기를 받는다. 그렇기 때문에 하루 중 가장 많이 시간을 보내는 집, 그 중에서도 잠을 자는 방은 땅의 기를 가장 잘 받는 곳으로 보는 것이다. 일반적으로 한집에 여러 개의 방이 있으나 여기서는 집주인이 잠을 자는 안방을 중점적으로 논하고자 한다.

안방은 안정되고, 중심적이고 위엄이 있고, 규모 또한 적절해야 한다. 안방이 너무 밝으면 정신 집중이 안 되고 너무 어두우면 우울해진다. 안방이 너무 협소하면 소신을 펴지 못하는 반면 지나치게 크면 결단력이 부족하고 공사(公私)를 구분하지 못한다. 안방은 건물의 중심에 있어야 하고 안방문을 열 때 대문에서 바로 들여다보이면 좋지 않다.

안방이 남서쪽[坤方]에 있으면 예술가나 학자에게 좋고, 동남쪽[巽方]은 무방하나 부엌으로 하는 것이 좋고, 동쪽[震方]에는 양기가 충만하므로 체질적으로 자라나는 자녀의 방으로 하는 것이 이상적이다. 서쪽에 안방이 있으면 재산이 나가고 심리적으로는 늘 불안하다고 한다.

(3) 현관(玄關)

현관의 크기는 건물의 크기에 따라 적절하게 하는 것이 좋다. 대문보다 높은 것이 좋은데 다소 높으면 자중하고 위엄도 있으나 지나치게 높으면 자만해진다. 현관이 건물의 중앙에 있으면 흉하고 본 건물에서 다소 튀어나온 것이 좋고, 오목하게 들어가는 것은 좋지 않다.

집의 동쪽·남쪽·동남쪽에 있는 현관은 매우 발전적이나 서쪽의 현관은 재정적 어려움이 있다. 동북쪽 현관은 질병과 재난을 조심해야 하고 가족간의 화목도 얻지 못한다. 현관은 대문과 함께 대지의 방향에 순응해야지 역하는 것은 금해야 한다. 현관이 높고 넓으면 신뢰성은 있지만 대문과 일직선으로 있으면 권위주의적이고 비타협적이다.

(4) 화장실〔便所〕

화장실은 사람의 일상 생활에 있어서 가장 밀접하고 중요하게 활용되는 시설이기 때문에 신경을 많이 써서 만들어야 한다. 일반적으로 통풍이 잘 되고 배수가 잘 되며 배수관은 건물의 중심을 지나지 아니하고 곧바로 외부의 정화조로 연결되도록 하여야 한다. 특히, 단독주택의 경우 화장실의 위치 선정이 매우 중요하다.

① 화장실이 서북쪽에 있으면 재물이 흩어지고 불효하며 가장은 권위를 잃고 질병이 발생한다고 한다.

② 화장실이 서남(坤方)쪽에 있으면 두통·신경통·안질 등을 주의해야 하고, 양처(兩妻)를 거느리거나, 주부가 허영심이 많게 된다.

③ 화장실이 서쪽(兌方)에 있게 되면 위장병이나 부인병 발생을 주의

해야 한다.

④ 화장실이 남쪽〔離方〕에 있으면 하극상이나 송사가 있고, 심장병이나 빈혈을 조심해야 한다.

⑤ 화장실이 동남쪽〔巽方〕에 있으면 대체로 양호하다. 그러나 사업가는 사내(社內)부정이나 기밀누설 등에 특히 유의해야한다.

⑥ 화장실이 동쪽〔震方〕에 있으면 장남이 가업을 지키지 못하고, 차남이나 삼남이 가업을 계승한다고 한다.

⑦ 화장실이 동북쪽이나 북쪽〔坎方〕에 있으면 대체로 무방하다고 하나, 가능한 동서남쪽 정방위(正方位)는 피해야 한다. 특히, 서북쪽〔乾方〕이나 남서쪽〔坤方〕은 반드시 피해야 한다.

3. 운(運)과 건강의 기(氣)를 살리는 양택 풍수

(1) 잠자는 방〔寢室〕

양택 풍수는 사람이 하루 종일의 피로를 풀고 잠을 잘 때 가장 많이 기(氣)를 받기 때문에 안방을 중요시하는 것이다. 우리의 조상들은 사람들이 잠을 잘 때 머리 두는 방향에 대해 관심을 표시하고 자녀들에게 바르게 누워 자도록 일깨워왔다. 이와 같은 조상들의 지혜가 곧 잠자는 사람에게 행운과 건강을 함께 가져다 주는 비결이라고 생각한다.

우리가 일반적으로 침실에 침대를 배치하거나 잠을 잘 때에는 건물의 구조나 방의 위치에 따라 편리한 대로 적당히 침대를 놓고 잠을 자는 경우가 많다.

　그러나 풍수에서는 잠자는 사람 개개인의 생년(生年)에 따라 그에게 맞게 침대를 배치하고 머리를 두는 것이 좋다고 한다. 그렇다면 나에게 맞는 침대의 위치는 어디일까? 행운과 건강이 스스로 찾아오는 침실을 함께 들여다보자.

　먼저 신(申), 자(子), 진(辰)년 생의 경우 동북쪽[丑向]으로 머리를 두고 자면 좋다고 하는 것은 이 동북 방향이 신(申), 자(子), 진(辰)년 생의 경우 반안살(攀鞍殺, 12신살(神殺)의 하나) 방향이 되기 때문이다. 반안이란 말등에 올려놓고 사람이 앉는 기구로 일명 말안장이라고도 하며 출세를 의미한다. 이방향으로 잠을 자면 상인은 이(利)가 많이 생기고, 봉급 생활자는 승진이 순조롭고, 회사의 경우는 자본금이 이 방향에서 굴러들어오고, 위급한 경우 이 방향이 피난처가 되기도 한다.

　만약 신(申), 자(子), 진(辰)년 생(生)이 이와 반대로 서남쪽으로 머리를 두고 자면 이 방향은 12신살 중 천살(天殺) 방향이 된다. 이 방향은 모든 문이 닫혀 운이 막히고, 학생은 진학길이, 사업가는 사업운이, 처녀 총각은 혼사길이 막히고 부부는 파경 등으로 파란을 겪게 될 수도 있다.

　이를 정리해 보면,

- 신(申),자(子),진(辰)년생은 동북쪽[丑方向]으로 머리를 두면 좋다.
- 해(亥),묘(卯),미(未)년생은 동남쪽[辰方向]으로 머리를 두면 좋다.
- 인(寅),오(午),술(戌)년생은 서남쪽[未方向]으로 머리를 두면 좋다.
- 사(巳),유(酉),축(丑)년생은 서북쪽[戌方向]으로 머리를 두면 좋다.

(2) 공부방(학생방)

공부하기 좋은 학생의 공부방은 조용하고 편리해야 하고, 환기도 잘 되어야 한다. 그러나 여기 말하고자 하는 것은 이러한 일반적인 환경을 얘기하고자 하는 것이 아니고 풍수적으로 학생의 방을 들여다 보고 그 학생이 공부가 잘되고 진학이나 시험에 떨어지는 일이 없도록 대비하자는 것이다. 집에서 학생의 책상은 그 학생의 생년(生年)을 기준으로 공부하는 학생에게 맞도록 방향을 정해 놓아야 하고, 그 다음으로 그 학생에게 맞지 않게 차이나 문이 나 있으면 정신이 산만해 지고 집중이 안 되어 공부를 방해하므로 그 방향의 문(창문 포함)을 폐쇄해야 한다.

학생 생년월일	책상의 방향	문(창)폐쇄
신(申),자(子),진(辰)년생	남서쪽(未向)을 향할것	북쪽(子向)문 폐쇄
해(亥),묘(卯),미(未)년생	서북쪽(戌向)을 향할것	동쪽(卯向)문 폐쇄
인(寅),오(午),술(戌)년생	동북쪽(丑向)을 향할것	남쪽(午向)문 폐쇄
사(巳),유(酉),축(丑)년생	동남쪽(辰向)을 향할것	서쪽(酉向)문 폐쇄

(3) 사무실

사업을 하는 사무실은 그 공간 활용에 따라 용도가 넓게 효과적으로 이용되는 것은 두 말할 필요가 없다. 그러나 풍수적 측면에서 보면 사무실의 비품 중, 금고 · 서류힘 · 중요문시칠 · 열쇠 · 수표책 · 캐비넷 및 필수품이나 경리 책상의 위치, 그리고 사장이 앉는 자리가 상당히 중요하다고 한다. 투자 대상 물건도 그 있는 곳에 따라 이익이 많이 남

고 손님이 많이 찾아올 수 있는 길은 없는지 이 모든 것이 관심의 대상
이라 할 수 있다.

회사의 경우 사장님을 중심으로 보거나 그 방 책임자를 중심으로 살
펴보고자 한다.

생년별	방향
申,子,辰 년생	동북쪽(丑方)에 금고 등 귀중품 배치. 잘 때도 동북쪽으로 머리를 두고 잔다. 사장의 자리도 동북쪽에 두고 사업 대상도 동북쪽에서 구하면 이익이 많다. ※북쪽으로 난 문(창포함), 공간은 폐쇄한다.
亥,卯,未 년생	동남쪽(辰方)에 금고 등 귀중품 배치. 잘 때도 머리를 동남쪽에 두고, 사장의 책상 도 동남쪽에 배치한다. ※동쪽으로 난 문과 공간은 폐쇄한다.
寅,午,戌 년생	남서쪽(未方)에 금고, 사장 책상 등 배치 ※남쪽으로 난 문과 공간은 폐쇄한다.
巳,酉,丑 년생	서북쪽(戌方)에 금고, 사장 책상 등 배치 ※서쪽으로 난 문과 공간은 폐쇄한다.

(4) 결혼(結婚)을 준비하는 방

결혼을 앞둔 자녀를 가진 부모들은 항시 조마조마한 마음이다. 특히,
과년한 자녀가 연이어 있는 집은 초조해진다. 더구나 혼사가 될 듯 될

듯 하다가 잘 성사되지 않는 때에는 부모들은 긴장하고 당사자들은 이유를 몰라 답답하고 급해진다.

이러한 경우 조속히 혼인이 이루어지도록 하기 위해서는 자녀들의 잠자는 방을 풍수적 측면에서 보면 남녀 모두가 머리를 반대 방향으로 두고 잠을 잔다. 이것을 고치면 결혼 문제는 서서히 해결된다.

출생년별	머리 두는 방향
①申,子,辰년생 남자	남서쪽(未方)으로 머리를 두고 자고 있으나 동북쪽(丑方)으로 두어야 한다.
申,子,辰년생 여자	동북쪽(丑方)으로 머리를 두고 자고 있으나 남서쪽(未方)으로 두어야 한다.
②亥,卯,未년생 남자	서북쪽(戌方)으로 머리를 두고 자고 있으나 동남쪽(辰方)으로 두어야 한다.
亥,卯,未년생 여자	동남쪽(辰方)으로 머리를 두고 자고 있으나 서북쪽(戌方)으로 두어야 한다.
③寅,午,戌년생 남자	동북쪽(丑方)으로 머리를 두고 자고 있으나 남서쪽(未方)으로 두어야 한다.
寅,午,戌년생 여자	남서쪽(未方)으로 머리를 두고 자고 있으나 동북쪽(丑方)으로 두어야 한다.
④巳,酉,丑년생 남자	동남쪽(辰方)으로 머리를 두고 자고 있으나 서북쪽(戌方)으로 두어야 한다.
巳,酉,丑년생 여자	서북쪽(戌方)으로 머리를 두고 자고 있으나 동남쪽(辰方)으로 두어야 한다.

4. 일상 생활과 방위(方位)의 영향

사람은 누구나 거처하는 집이나, 일하는 사무실, 업무상 만남의 장소, 쉬는 곳, 앉는 자리, 출입문 등의 위치에 따라 건강, 사업의 성패, 관운과 재운 그리고 일상 생활에 있어서 크게 영향을 받는다. 왜냐 하면 이는 지자기 활동의 방향이 인간이나 동물들의 행동이나 생각의 방향에 영향을 끼치기 때문이다

이는 풍수지리설의 삼대요소인 산(山), 수(水), 방위(方位) 중 방위와 주거 생활과의 관계이고, 또 주택에 있어서 대문, 안방, 부엌의 위치를 보아 길흉을 판단하는 삼요(三要)에 의한 방법, 택지의 생김새와 건물의 외형에 의한 판단법 등이 모두 방위와 관련되어 있다.

따라서 방위의 좋고 나쁜 것을 구분하려면 생년(生年)별 생기복덕(生氣福德)이나 십이신살, 포태법 등으로 남여별, 나이별로 세분되나 여기서는 일반적으로 동서남북의 4개 방위와 동남, 동북, 서남, 서북 등 4개의 간방위를 합쳐 8개 방위에 대한 영향 문제를 검토, 일상 생활과 어떠한 관계가 작용하고 있는지를 살펴보고자 한다.

(1) 북쪽 방위〔坎方〕의 영향

일반적으로 북쪽 방위는 변화와 파괴의 힘이 작용하기 때문에 중요한 업무를 논의하기 위한 회의나 사업상 상담이나 결정 등을 할 때에는 가급적 북쪽을 피하는 것이 좋다. 따라서 건물의 북쪽에 사무실을 배치

하는 것은 좋지 않다. 또한 건물이나 사무실의 입구가 북쪽에 있거나, 건물이나 대지가 북쪽에 오목하게 들어가 요(凹)자 모양이 있으면 그곳에서 일하는 사람은 사기가 저하되고 의욕이 떨어져 하는 일이 어렵게 되거나 잘 안 될 수가 있다. 가정 생활에 있어서도 부부 관계가 원만치 못한 경우가 많으니 유의해야 한다.

또한 북쪽 방위에 화장실, 정화조, 싱크대 시설, 난로, 가스레인지 시설 등이 배치되어 있으면 혈압이 높거나 동맥경화, 신장병, 방광염, 변비 등의 증세를 호소하는 경우가 많다. 북쪽 방위는 다른 한편으로 사고력을 키워주고 학습 능력을 높혀주는 유력한 힘도 내포되어 있으므로 아이들의 공부방이나 연구실 등으로 사용하면 좋다.

(2) 동북쪽 방위〔艮方〕에 대한 영향

간방〔艮方〕은 북쪽과 동쪽 사이에 위치하여 두 방위가 서로 교차하는 곳으로 행동이나 생각을 중지하게 하거나 판단이 흐려져 경솔하게 행동하고 어중간하게 하는 좋지 않는 영향을 미칠 수 있다.

따라서 중요한 업무에 관한 회의나 의사를 결정하는 위치에 있는 사람은 이 동북쪽 간방에 자리잡고 앉으면 좋지 않으므로 피해야 한다. 건물이나 사무실의 입구가 동북쪽에 있거나 동북쪽이 오목하게 들어가 요(凹)자 현상이 있으면 주의해야 하고 사무실 안에서도 그 부서의 책임자나 상사가 동북쪽 간방에 위치하는 것은 피해야 한다. 중요한 손님을 맞이하거나 사업상 대화도 이 방위에서 하지 않는 것이 좋고, 구혼이나 연애, 부부관계에도 나쁜 영향을 받으며 간방에 화장실, 싱크대, 벽난로, 우물 등이 배치되어 있으면 신경통, 만성피로, 신경쇠약 등을 유발하며 건강에 나쁜 영향을 준다고 한다.

건강과 사업에 화근이 되는 수기(水氣)나 화기(火氣)의 시설물은 주위를 항상 깨끗이 하고 소금 접시를 올려두거나 녹색 차경 즉 화분을 상시 놓아 두는 것이 좋으며 우물을 매울 때는 밑에서부터 차근차근 매우고 건물이나 대지가 안으로 들어가 요(凹)자 현상을 나타내는 부분은 조립식 시설로 매우는 것이 좋다고 한다.

(3) 동쪽 방위[震方]에 대한 영향

동쪽 방위는 일을 창출하고 성장시키고 성사시키는 힘을 발산하며 의욕이 넘치고 추진하는 일에 박차를 가하는 등 모든 현안들이 순조롭게 진행되어 좋은 결과를 얻을 수 있을 뿐만아니라 다음 단계로 도약하는 전기를 마련하기도 한다.

동쪽 방위에 입구가 있는 사무실이나 점포는 행운이 찾아드는 곳으로 토론, 상담, 회의장 등으로 적합하고 특히 기획, 설계, 사무 등 머리를 쓰는 업무 장소로 사용하는 것이 유리하고 회사의 접대실도 동쪽에 위치하는 것이 좋으며 회의를 진행하거나 의사를 결정해야 하는 위치에 있는 사람은 동쪽 방위에 앉아야 한다.

대지나 건물이 동쪽으로 돌출되어 있으면 병원이나 미술관, 박물관, 전자 제품, 청과물, 화원, 건설업, 어업 등과 기타 자유업에 좋은 영향을 주고 건물을 동쪽으로 돌출되도록 증축하면 사업이 더욱 번창하게 된다. 만약 동쪽 부분이 심하게 안으로 들어가 요(凹)자 현상을 나타내거나, 동쪽에 화장실, 싱크대, 욕실, 정화조 등이 있는 경우 간이나 당뇨, 심장병, 우울증, 히스테리 증상 등이 나타나 건강을 해치므로 주의를 요한다.

(4) 동남쪽 방위(巽方)에 대한 영향

동남쪽은 온순하고 화합하는 힘의 영향을 받기 때문에 모든 일이 순조롭게 진행되고 성사되므로 사무실이나 점포의 입구가 동남쪽일 때 아주 이상적이라 할 수 있다. 특히 동남쪽이 밖으로 돌출(凸)되어 있으면 더욱 좋다. 회사나 사무실의 경우 동남쪽에 영업 부서나 기술 부서를 배치하는 것이 좋고 사무실 안에서는 동남쪽에 부서 책임자의 자리를 배치하는 것이 좋다.

또한 실패를 만회하고 신속히 목표를 달성하고, 모든 문제를 순리적으로 해결하며, 새롭고 건설적인 아이디어를 원할 때는 이 동남쪽 방위가 가장 적절하다. 맞선이나 약혼, 데이트 등 애정 문제도 동남쪽 입구를 향한 좌석에 앉아 있을 경우 즐겁고 유리하게 진행된다. 대지나 건물의 동남쪽은 운송업, 수출입상, 시장, 예식장, 화장품상 등이 크게 발전하고, 동남쪽 방위에 차고가 있거나 큰나무나 높은 담장이 있으면 좋지 않고, 화장실, 싱크대, 정화조 연못, 우물 등이 있을 경우 다른 방위에 비해 중병의 발생 빈도가 적다고 하나 눈병, 신경쇠약, 관절염, 순환기 계통 질병을 유발할 위험이 있다고 하니 주의를 요한다.

(5) 남쪽 방위(離方)에 대한 영향

남쪽 방위는 강렬하고 신속하게 모든 일을 성추취시키는 힘이 작용하므로 이 방위에서 토론하거나 시작하는 일은 즉각 실행에 옮겨지고 결과도 빨리 얻을 수 있다. 반면 결함이나 분리 작용이 모두 동시에 강렬하게 작용하므로 남쪽 방위에서 사람을 만나 상담하게 되면 즉시 동반자가 되기도 하고 얼마 가지 않아 경쟁자가 되어 헤어지는 등 일의 기복이 심하다.

사무실이나 점포 내에 남쪽 방위에 분수나 연못을 설치하거나 큰 어항을 놓아 두는 경우가 있는데, 이러한 시설은 성사된 계약이 깨어지거나, 오랫동안 쌓아올린 신뢰 관계가 삽시간에 무너져버리는 수가 있고 파혼, 이별수 등 이상한 일들이 일어날 수도 있다. 학생들의 방을 남쪽 방위에 두는 것은 좋지 않다. 왜냐 하면 남쪽 방위의 극열한 기(氣)의 영향으로 책읽기를 싫어하고 거리를 돌아다니며 너무 빨리 조숙하여 어른의 세계를 엿보며 부모의 보살핌을 원치 않는 경우가 있게 된다.

남쪽 방위에 화장실, 싱크대, 연못, 우물, 욕실 등이 있거나 집안으로 파고 들어간 차고 등은 좋지 않는 영향을 주므로 유의해야 된다. 특히 빈혈, 당뇨, 치질, 심장병이나 가슴앓이, 치통, 유방암 등을 유발한다고 하니 경계를 해야 할 것이다. 건물이 남쪽으로 입구가 있거나 남쪽방위에는 극장, 미용실, 박람회장, 전기재료, 카메라, 안경점 등이 잘 되고 식당, 음식점, 술집, 여관 등 불을 사용하는 업소는 화기를 남쪽에 놓아 두면 오히려 사고를 예방하고 사업도 잘 된다고 한다. 그러나 정남쪽 방위는 담장 등을 이용해 가리는 것이 좋다.

(6) 서남쪽 방위[坤方]에 대한 영향

서남쪽 방위에는 소극적이고, 곤혹스럽고, 번뇌하고, 실추하는 힘이 작용하므로 회사나 사무실이 서남쪽 돌출(凸) 부분이나 안으로 들어간 (凹)부분에 위치하고 있으면 한번 결정된 일이라 할지라도 공연히 다른 생각을 하게 되고 번뇌하거나 상대방을 의심하는 등 내부 분란이 일어나 정상적인 업무 추진이 어렵게 된다.

또한 상대방의 참뜻을 제대로 헤아리지 못해 속아 넘어가거나 직원들의 실수로 손해를 배상하는 등 사업상 불의의 손실이 일어나고 도둑을 맞을 수도 있으니 조심해야 한다. 그리고 서남 방위에 앉아 상담하거나 소개를 받거나 결정한 사실은 실행 단계에서 판단상의 착오를 일으켜 혼란을 가져오거나 신뢰를 상실하게 된다.

사무실이나 점포 입구가 서남쪽 방위에 있으면 사업상 이익을 기대하기 어렵고, 건물의 서남쪽 계단이나 엘리베이터를 이용하는 회사는 경영자나 종업원 모두가 능력이 저하되고 단합이 잘 되지 않으며 불의의 사고나 손실을 당하기 쉽다. 따라서 서남쪽에 입구를 만들거나 중요한 부서를 배치하는 것은 피해야 한다. 건물의 서남쪽 방위에는 창고, 서고, 자료실 등이 적합하고 만약 건물의 서쪽에 대로가 있을 때는 부득이 서남쪽에 출입구를 내어야 하는데 이때에는 문짝을 45도 남쪽으로 틀어 좋은 방향으로 문이 열릴 수 있도록 하는 것이 좋다.

건물의 서남쪽에 화장실, 싱크대, 부엌아궁이, 연못 가스레인지, 凹凸부분이 있게되면 생기가 상실되어 조로현상이 일어나고 소화기계통의 질병이나 동맥경화, 암 등을 유발하게 된다. 서남방위에 자녀방을 두게 되는 경우 학습능력이 저하되고 허약해져 위장장애나 이질 등 병마에 시달리게 된다. 남서쪽 건물에는 보육원, 농장, 미곡상, 간호 조산원, 산부인과, 분양사무소 등은 오히려 좋은 영향으로 번영하게 된다.

(7) 서쪽 방위[兌方]에 대한 영향

서쪽 방위에는 희열, 충실의 기가 있어 상담 장소로 비교적 큰 문제가 없다. 그러나 사무실 입구가 서쪽 방위에 있으면 경영자는 의욕을 상실하고 작업 능률이 저하된다. 서쪽 방위에 큰 창문이 있거나 햇빛이 바로 비쳐 직사광선이 들어오는 경우에는 자신의 재능을 충분히 발휘할 수가 없다.

서쪽 방위에는 최소한 창문이 없고 벽만 있는 것을 전제로 외근인원이 많은 부서를 배치하면 무방하고 책장이나 캐비넷 등으로 막아두거나 녹색 식물을 많이 놓아 두는 것이 좋다. 서쪽방위에 창문이 있거나 화장실, 욕실, 싱크대, 정화조, 온수기, 가스레인지 등이 있으면 회사원은 이직 현상이 자주 일어나고 두통에 시달리거나 치주염, 기관지염 등이 일어나고 부부 관계도 원만치 않아 남편은 성기능이 떨어지고 여자는 외도하는 경우를 흔히 볼 수 있다. 더구나 서쪽 방위에 凹자 모양의 안으로 들어간 부분이 있을 때는 기혼여성이 조용히 가정을 지키기 어려워 진다.

서쪽 방위에 있는 방을 학생의 공부방으로 하게 되면 그 학생은 공부에 전념할 수 없다. 그러나 서쪽방위에 있는 건물이나 건물의 서쪽 방위, 입구가 서쪽방위에 있는 점포의 적합한 사업으로는 철물점이나 치과병원, 목욕탕, 은행, 증권사, 금융업, 극장, 전당포, 카바레, 오락실, 음식점이나 다방 등이 여기에 해당된다.

(8) 서북쪽 방위[乾方]에 대한 영향

서북 쪽방위에는 확실하게 견실성의 기가 흐르기 때문에 경영자나 종업원 모두에게 가장 중요한 방위인 동시에 업무 실적을 크게 향상시키고 결정된 계약이나 약속을 반드시 실행에 옮기며 예상을 능가하는 좋은 실적을 가져다 준다.

회의장이나 토론장의 경우 회의나 토론의 진행자가 서북쪽 방위에 앉아 진행하면 회의 내용이나 방향이 더욱 바람직하고 충실한 결론을 얻을 수 있다. 따라서 회사의 사장실이나 책임자의 방은 반드시 건물의 서북쪽에 배치하는 것이 가장 이상적이라 할 수 있다. 또한 한 부서의 사무실인 경우 그 방의 서북쪽에 부서장의 자리를 배치해야 그 부서가 발전하고 그 부서장도 승승장구할 수 있다. 그러나 서북쪽이 안으로 들어간 凹형이 있거나 출입구가 서북쪽으로 나 있으면 고지식하고 고집불통으로 오인되어 업무상 인정을 받지 못하고, 좋은 기회를 예상치 못한 일로 놓치는 경우가 많다.

만약 만남의 장소에서 서북쪽의 凹형 부분에 앉았다면 중요한 사업상의 상담은 하지 않는 것이 좋으며 이를 무시하고 상담을 진행한다면 서로의 의견을 소통하지 못하고 시간만 낭비하고 말 것이다. 서북쪽 방위에 凸형 부분이 있으면 뻗어나가는 종류의 사업을 하면 더욱 성공할 수 있고 자금회전이 좋아져 번창하게 된다. 북서쪽에 있는 상가에 좋은 업종은 각종 단체의 사무실, 제철 관련업, 귀금속상, 광공업, 교회 사원 그리고 정치가, 군인, 교육가, 재판관, 무역업자 등에 좋은 영향을 끼친다고 한다. 그러나 서북쪽 방위에 화장실, 정화조, 싱크대 등이 있거나 커다란 凹형 부분이 있을 경우에는 어깨가 뻣뻣해지거나 편두통, 변비, 비장 질환, 성욕 감퇴 등의 증세가 나타난다고 하니 주의를 요한다.

5. 동·서사택(東西四宅)

양택 삼요결(陽宅三要決)에 의하면 사람이 사는 집은 동사택과 서사택으로 크게 나누고 있다. 이는 태극이 양의에서 사상으로 분화되고 사상이 다시 8괘를 생성하게 되는데 이 8괘의 8방위에서 5행이 상생하는 4방위씩 나누어 여기에 대문·안방·부엌 등의 배치 사항을 논한 것으로 양택 풍수의 근간을 이루고 있다.

8괘의 5행 배속도를 보면, 동서로 나누어지는데 먼저 서쪽의 건·태(乾兌)는 금(金), 곤·간(坤艮)은 토(土)로, 토생금(土生金)으로 상생(相生)하고 동쪽의 진·손(震巽)은 목(木), 이(離)는 화(火), 감(坎)은 수(水)인데 수생목(水生木), 목생화(木生火)로 서로 상생(相生)한다. 이

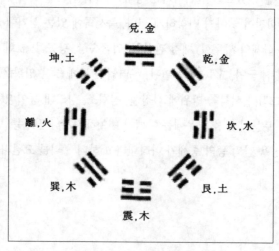

주역 8괘 방위 및 5행 배속도

와 같이 방위에 따라 서로 상생하는 네가지를 하나로 묶어 동쪽은 동사
택, 서쪽은 서사택이라고 한다. 대문과 안방, 부엌이 동사택이나, 서사
택을 불문하고 같은 사택에 배치되어 있어야 좋은 집이라고 한다. 같은
사택에 배치되지 아니하고 혼합된 집은 좋지 않은 집이라 한다〈※양택
삼요결(陽宅三要決)은 중국의 『지리오결』의 저자 조구봉(趙九峯)의 이론임〉.

(1)동사택(東四宅)

① 북(坎) : 壬 · 子 · 癸　　　② 동(震) : 甲 · 卯 · 乙
③ 동남(巽) : 震 · 巽 · 巳　　　④ 남(離) : 丙 · 午 · 丁
의 네 방위에 대문 · 안방 · 부엌 등이 배치된 집을 말한다.

(2)서사택(西四宅)

① 서(兌) : 庚 · 酉 · 辛　　　② 서남(坤) : 末 · 坤 · 申
③ 서북(乾) : 戌 · 乾 · 亥　　　④ 동북(艮) : 丑 · 艮 · 寅
의 네 방위에 대문 · 안방 · 부엌 등이 배치된 집을 말한다.

구 분	一	二	三	四	五	六	七	八
방 위	서북	서	남	동	동남	북	동북	서남
동서사택	서사택		동사택				서사택	
팔 괘	乾	兌	離	震	巽	坎	艮	坤
四 象	太陽		少陰		少陽		太陰	
兩 儀	陽				陰			
太 極	太極							

동 · 서사택 방위도

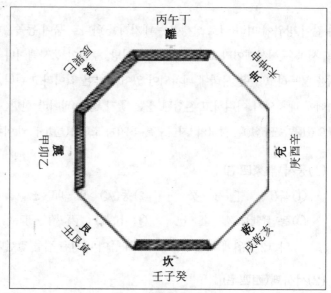

동사택 배치도

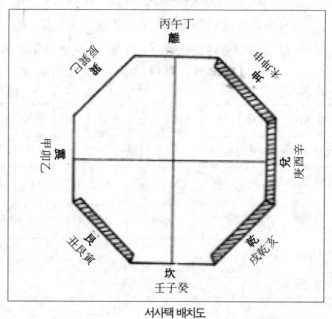

서사택 배치도

(3) 동 · 서사택운(東西四宅運)

동사택이나 서사택으로 이루어진 집은 모두 좋은 집이라고 하나 자신이 어느 사택에 사는 것이 자기 운에 더 좋은가를 알기 위해서는 본인이 동사택 운인가, 서사택 운인가를 알아야 한다. 이는 출생년도에 따라 별표와 같이 분류하고 있다. 출생년도를 상원(上元) · 중원(中元) · 하원(下元) 3단위로 구분하고 그 아래 60갑자(甲子)를 차례로 나열했기 때문에 자신의 생년(生年) 간지(干支)를 찾아 그에 속해 있는 8괘를 찾으면 된다. 상원 · 중원 · 하원을 1주기로 하고 1주기는 180년이고, 현재는 26주기로 상원은 1864년 갑자(甲子)에서 1923년 계해(癸亥)까지이고, 중원은 1924년 갑자에서 1983년 계해까지며, 하원은 1984년 갑자가 새롭게 시작되는 것이다. 그리고 별표를 이해하는 데 참고가 되도록 구성(九星) 자백(紫白)의 순환표를 먼저 소개하겠다.

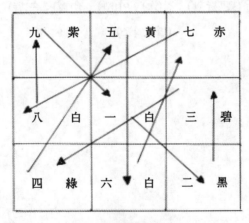

구성(九星) 순환도

※ 남자는 역행(逆行)하고 (→의 반대 방향) 여자는 순행(順行)한다.(→ 방향)

예를 들어, 1924년~1983년까지 60년은 중원(中元)에 속하는데 1924년 갑자년(甲子年)에 태어난 남자라면 사록(四綠) 손괘(巽卦)이다. 별표에서 감(坎)·이(離)·진(震)·손(巽) 4괘에 해당하는 자는 동사택 운이므로 동사택이 더 좋다고 본다. 그리고 1925년 을축년(乙丑年)에 태어난 남자의 경우 3벽(三碧) 진괘(震卦)에 속해있으므로 역시 동사택 운이 좋다.

여자의 경우도 같은 방법으로 출생시기와 출생년도를 찾아 60갑자(甲子)란의 자기 생년간지(生年干支)를 보면 동사택 운인가, 서사택 운인가를 쉽게 알아볼 수 있다. 집을 새로 지을 때나 이사할 때에도 자기 운에 맞는집을 택해서 살아야만 좋은 집이라 하더라도 더 많은 행운을 가져다 줄 것이다.

※ 서사택운(西四宅運) : 건(乾)·곤(坤)·간(艮)·태(兌)

　　동사택운(東四宅運) : 감(坎)·이(離)·진(震)·손(巽)

　　　　　　　　(별표참조)

남자의 운(運)

※ 中＝坤

1864년 ~ 1923년	上元	一白坎	九紫離	八白艮	七赤兌	六白乾	五黃中	四綠巽	三碧震	二黑坤
1924년 ~ 1983년	中元	四綠巽	三碧震	二黑坤	一白坎	九紫離	八白艮	七赤兌	六白乾	五黃中
1984년 ~ 2043년	下元	七赤兌	六白乾	五黃中	四綠巽	三碧震	二黑坤	一白坎	九紫離	八白艮

男命 六十甲子

※ 中元의 경우에는 六十甲子밑에 출생년도를 표시하였음

甲子 1924	乙丑 1925	丙寅 1926	丁卯 1927	戊辰 1928	己巳 1929	庚午 1930	辛未 1931	壬申 1932
癸酉 1933	甲戌 1934	乙亥 1935	丙子 1936	丁丑 1937	戊寅 1938	己卯 1939	庚辰 1940	辛巳 1941
壬午 1942	癸未 1943	甲申 1944	乙酉 1945	丙戌 1946	丁亥 1947	戊子 1948	己丑 1949	庚寅 1950
辛卯 1951	壬辰 1952	癸巳 1953	甲午 1954	乙未 1955	丙申 1956	丁酉 1957	戊戌 1958	己亥 1960
庚子 1960	辛丑 1961	壬寅 1962	癸卯 1963	甲辰 1964	乙巳 1965	丙午 1966	丁未 1967	戊申 1968
己酉 1969	庚戌 1970	辛亥 1971	壬子 1972	癸丑 1973	甲寅 1974	乙卯 1975	丙辰 1976	丁巳 1977
戊午 1978	己未 1979	庚申 1980	辛酉 1981	壬戌 1982	癸亥 1983			

※ 서사태운 : 乾 · 坤 · 艮 · 兌
동사택운 : 坎 · 離 · 震 · 巽

※ 男命黃中宮은 坤宮으로 본다

여자의 운(運)

※ 中＝艮

1864년 ~ 1923년	上元	五黃中	六白乾	七赤兌	八白艮	九紫離	一白坎	二黑坤	三碧震	四綠巽
1924년 ~ 1983년	中元	二黑坤	三碧震	四綠巽	五黃中	六白乾	七赤兌	八白艮	九紫離	一白坎
1984년 ~ 2043년	下元	八白艮	九紫離	一白坎	二黑坤	三碧震	四綠巽	五黃中	六白乾	七赤兌

女命 六十甲子

※ 中元의 경우에는 六十甲子밑에 출생년도를 표시 하였음 (下元의 경우 갑자년부터 순행한다.)

甲子 1924	乙丑 1925	丙寅 1926	丁卯 1927	戊辰 1928	己巳 1929	庚午 1930	辛未 1931	壬申 1932
癸酉 1933	甲戌 1934	乙亥 1935	丙子 1936	丁丑 1937	戊寅 1938	己卯 1939	庚辰 1940	辛巳 1941
壬午 1942	癸未 1943	甲申 1944	乙酉 1945	丙戌 1946	丁亥 1947	戊子 1948	己丑 1949	庚寅 1950
辛卯 1951	壬辰 1952	癸巳 1953	甲午 1954	乙未 1955	丙申 1956	丁酉 1957	戊戌 1958	己亥 1960
庚子 1960	辛丑 1961	壬寅 1962	癸卯 1963	甲辰 1964	乙巳 1965	丙午 1966	丁未 1967	戊申 1968
己酉 1969	庚戌 1970	辛亥 1971	壬子 1972	癸丑 1973	甲寅 1974	乙卯 1975	丙辰 1976	丁巳 1977
戊午 1978	己未 1979	庚申 1980	辛酉 1981	壬戌 1982	癸亥 1983			

※ 서사택운 : 乾·坤·艮·兌

동사택운 : 坎·離·震·巽

※ 女命黃中宮은 艮宮으로 본다

6. 좋은 집과 나쁜 집

(1) 좋은 집

첫째, 따뜻해야 한다. 집이 따뜻하려면 북(北)쪽이나 북서(北西)쪽에서 동남(東南)쪽이나 남(南)쪽을 향해 있으면 자연히 따뜻하고 밝은 집이 된다.

둘째, 햇볕과 안정감이 있어야 한다. 사람이 집에서 생기를 받는 것은 땅뿐만 아니라 햇볕의 양기를 받기 때문인데, 같은 햇볕이라도 아침 햇살을 받아야 한다. 안정감이란 대지의 형태 및 건물 양태가 그것이다.

셋째, 교통이 편리하고 도로와 인접해 있어야 한다. 사람의 일상 생활에 있어 교통이 편리한 곳이 풍수상 조건을 갖추었다면 더욱 부유해지고 행복한 삶을 누릴 것이다. 도로가 인접해 있으면 좋고 아울러 수로(水路)가 연결된다면 더 좋을 것이다. 즉, 수륙(水陸)이 아울러 통하는 곳이 가장 좋다고 한다.

넷째, 집 앞의 전경이 좋아야 한다. 산을 등지고 물을 바라보는 것이 좋다고 한다. 특히 관대(寬大)하고 수려해야 한다.

다섯째, 집의 형태로는 용자(用字)형·다자(多字)형·야자(也字)형·내자(乃字)형 집이 좋다고 한다. 용자는 일(日)·월(月)의 합으로 음양(陰陽)충화 및 융힙으로 좋다고 하고, 나사(多字)는 다상(多祥), 야자(也字)는 유종(有終), 내자(乃字)는 다산(多産)을 뜻한다고 하여 모두 선호하는 좋은 형태라 한다

정약용의 『산림경제』복거편(卜居編) 택목론(宅木論)에 보면 석류(石榴)를 뜰 앞에 심으면 현자를 내고 후사(後嗣)가 많고 대길하다고 하고 괴목(槐木)을 중문(中門)에 세 그루 심으면 세세부귀(世世富貴)하고 집 앞에 심어도 좋다고 한다.

집안에 과일나무가 무성하여 집 좌우를 덮어서는 안 되고 수명이 긴 나무를 집안에 심어서는 안 되며 나무 뿌리가 집 처마 밑에 들어와서도 안 되고 나무 가지가 지붕을 가려서도 안 된다고 하고 집에 오실(五實)이 있으면 부귀한다고 하였다. 여기에 오실을 옮겨 적는다.

　1.집이 작고 사람이 많을 때

　2.집이 크고 문이 작을 때

　3.담장이 완전할 때

　4.집이 작고 가축이 많을 때

　5.수구(水溝)가 동남쪽으로 흐를 때 등 다섯 가지를 오실(五實)이라고 했다.

(2) 좋은 집의 사례

오랫동안 많은 사람의 입에 오르내리고 풍수서에 소개되고 있는 좋은 집의 사례를 몇 가지 적어 본다.

① 경상북도 안동시 임하면 천정동(川前洞)인 내앞 마을에 오자등과택(五子登科宅)이라고 불리우는 집이 있다. 이곳은 경주 양동(良洞), 풍산 하회(河回), 내성 서곡(西谷)과 함께 삼남(三南)의 사대길지(四大吉地)의 하나로 알려져 있다. 조선조 초기 김진(金進)이 이곳에 와서 자리

를 잡은 후 김성일(金誠一), 김극일(金克一) 등 5형제가 등과하여 부귀영화를 누렸다고 한다. 현재도 내앞 김씨(의성 김씨) 일족이 200여 호나 세거(世居)하고 있다 대현산(大峴山)을 등지고 마을 앞의 시냇물과 낙동강이 있고 남향의 길지이다.

② 같은 안동시 신세동(新世洞:塔洞) 이상룡(李相龍)의 집은 세 사람의 정승이 나온다는 길지로 99칸(약 200평)의 큰집인데 현재까지 두사람의 정승이 이 집의 산실에서 태어났다고 한다. 용자(用字) 모양으로 지어진 이 집은 집 뒤로 상산(象山)이 있고 집앞 동남쪽에 낙동강이 흐르는 풍수상 아주 좋은 길지에 있다. 이 집에는 불사(不死)의 방과 도둑이 도망쳐간다는 퇴도문이 있고, 네모 반듯한 정원이 네 개가 있다. 오늘도 이 집 주인은 새로운 재상이 태어나길 기다리고 있다.

(3) 나쁜집

막다른 골목집이나 마당에 연못이 있거나 대문에서 안방이나 부엌이 바로 보이는 집, 대문은 크고 안채는 보잘 것 없는 집, 담장이 높고 창문이 어수선한 집, 집안에 지붕보다 높은 나무가 있거나 매립지나 수맥이 방 밑으로 흐르는 집 등은 좋지 않다. 화장실이 대문에 바로 향해 있거나 창고문이 대문을 향해 있는 집은 좋지 않다. 두 세집의 문이 바로 맞대하거나 문 앞에 바로 집이 있거나 문 앞에 큰 나무, 버들, 청죽류(靑竹類)는 피해야 한다.

우물과 부엌이 서로 마주 보거나 방 앞에 우물이 있으면 좋지 않다. 집 뒤에 묘가 있으면 좋지 않다. 묘가 집의 기를 끊고 모으기 때문에 집은 쇠퇴한다. 집 안에 분수나 대형 어항을 설치하는 것은 좋지 않다.

같은 집이라도 대문의 위치에 따라 길흉화복이 각기 다르게 나타나는데 대문이 남동쪽에 있는 집은 좋으나, 북동쪽에 대문이 있으면 나쁜 집이므로 이런 집을 구입할 때에는 따로 대문을 낼 수 있는지를 살펴봐야 한다.

제 6 장

국도풍수(國都風水)

1. 정도(定都)의 중요성

한 왕조가 역사 속으로 사라지고 새로운 왕조가 탄생하게 되면 반드시 풍수지리 사상에 따라 새 도읍지를 정하여〔定都〕 천도하였다. 고려조의 개성(開城)과 조선조의 한양(漢陽)이 그 대표적인 것이라 할 수 있다.

국도란 그 나라의 수도로서 정치, 경제, 문화, 교통의 중심지이며 모든 물산의 집산지이기도 하다. 가까이 넓은 평야와 생활 용수의 공급을 위한 큰강과 연료의 조달을 위한 임야 등 시민 생활의 경제적 조건이 충족하고, 외적의 침범으로부터 나라를 지키고, 정권 유지를 안전하게 할 정치적 조건을 모두 갖춘 곳이어야 한다. 이와 같은 조건을 갖춘 산하금대(山河襟帶)의 지세가 풍수지리의 지세와 일치하기 때문에 국도를 정할 때에는 풍수사상에 크게 의존하였다고 할 수 있다.

이 책에서는 개성(開城)과 한양(漢陽)의 풍수지리적 측면과 주변 여건을 살펴 보도록 하고자 한다.

2. 개성(開城)의 풍수

국도 풍수의 사료(史料) 중 고려 이전 삼국시대의 국도인 고구려의 평양이나 신라의 경주에 대해서는 단편적으로 사실 내지 전설 등이 전해오고 있기 때문에 국도 풍수를 논하기가 쉽지 않다. 우리 나라의 풍수사상이 삼국시대에 중국에서 건너와 싹트기 시작한 것은 사실이나 국가의 운명을 의지할 불교만큼 강하고 깊은 신앙이 아니었던 것도 부인할 수 없다.

그러나 고려 왕조는 풍수사상을 이용하여 국가의 영원한 발전을 꾀한 것은 일종의 정치적 책략이 함께 들어 있다. 개성은 고려 500년의 도읍지로 송악(松嶽)을 진산으로 하고, 그 오른쪽 후방에 오관산(五冠山), 또 그 후방에 천마산(天摩山)이 늘어 서 있다. 칠성산(七星山) 극락봉의 준봉들을 가까이 두고 동으로 일출봉, 서로 월출봉이 치솟고 남쪽 또한 높은 고개를 이루어 사신(四神) 포옹의 길지를 이루고 있다.

궁궐 터인 만월대(滿月臺)는 송악의 기슭에 자리잡고 남쪽을 바라보고 있다. 송악(松嶽)은 부소갑(扶蘇岬), 촉막(蜀幕), 문숭산(文崧山), 신숭(神嵩), 곡령(鵠嶺) 등으로 불리우고, 높이는 약 487m(1.610척)이고, 산 전체가 화강석의 기암으로 되어 있고, 천마산 자락이 병풍처럼 뒤쪽을 감싸고, 전방에 진봉산(進鳳山), 덕물산(德物山)의 조공을 받고 곳곳에 봉우리들이 합쳐져서 분지의 앞쪽을 지나 서북쪽에서 동남쪽으로 흘러 수구(水口)를 감추고 있는 영지이다.

송악산 아래에 있는 궁궐터를 만월대라고 하는데 김관의(金寬毅)의 통편에는 이곳을 금돼지가 쉬는 곳이라 하여 지금도 별칭으로 금돈허(金豚墟)라 한다.

끝으로 고려의 왕도 개성에 대해서 풍수적으로 전해 내려오는 재미있는 전설 몇 가지를 소개하고자 한다.

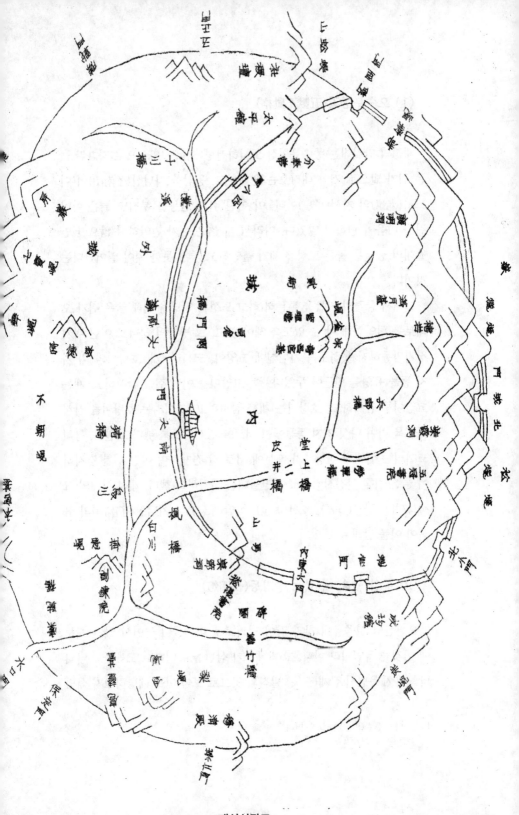

개성성곽도

(1) 오수부동격(五獸不動格)

개성의 만월대는 풍수유형상 노서하전형(老鼠下田形)으로 커다란 늙은 쥐가 밭으로 기어 내려오는 형태이고, 동남쪽 자남산(子南山)이 이 노서(老鼠)의 자서(子鼠)이다. 이 어린 쥐가 난동을 부리면 늙은 아비 쥐가 마음이 편하지 않았다. 따라서 이 늙은 쥐가 편안하지 않으면 만월대의 궁전은 물론 도성 전체가 불안하고 좋지 못한 일이 일어난다는 것이다.

그래서 궁궐의 기틀을 튼튼히 하고 도성의 안녕을 위해 늙은 쥐가 오래토록 편안하게 살 수 있도록 해야 했고, 그 방법의 하나로 어린 쥐가 경거망동하지 못하도록 자남산에 고양이, 코끼리, 개, 호랑이의 네 가지 동물 유형을 만들어 두었다. 즉, 고양이는 어린 쥐를 감시하고, 개는 고양이를 감시하고, 호랑이는 개를 감시하고, 코끼리는 호랑이를 감시하도록 하여 다섯 가지 동물들이 서로를 감시하도록 했다고 한다. 특히 코끼리는 쥐에게 상냥하기 때문에 서로 잘 견제하며 어린 쥐를 감시하여 늙은 쥐를 안정시킴으로서 만월대를 진압하려 했다. 개성 시내의 묘정(猫井), 구암(狗岩), 호천(虎泉), 상암(象岩) 및 자남산(子南山)의 유적이 이를 말해 주고 있다.

(2) 극암(戟巖)에 있는 장명등(長明燈)

오관산의 서쪽봉에 창과 같이 날카로운 바위들이 늘어서 있기 때문에 이것을 극암이라 한다. 고려 태조가 삼한을 통일하고 도읍을 송악의 남쪽에 세우면서 삼재(三災) 발작의 곳으로 보아 이를 예방하고자 석당

(石幢)을 세워야 한다고 해서 남쪽 애신석(崖臣石) 위에 석주(石柱)를 사방에 세워 놓고 장명등을 두어 극암의 재앙을 진압하고 훌륭한 임금 이 나와서 좋은 정치를 하고 충신이 끊이지 않도록 기원했다고 한다.

(3) 규봉(窺峰)과 철견(鐵犬)

개성의 동남쪽에 서울의 삼각산이 도둑처럼 엿보고 있어 이런 것을 풍수상 규봉이라고 하는데 이것을 진압하기 위하여 도성의 동남쪽 큰 바위 위에 장명등 한 개를 걸어 놓고 철제로 개모양 12개를 주조해서 늘어 놓았다고 한다. 청교면(靑郊面) 덕암리(德岩里)의 등경암(燈擊 岩), 선죽교(善竹橋) 남쪽에 있는 좌견교(坐犬橋)는 모두 이런 풍수와 관련된 유적들이다.

이와 같이 개성은 풍수사상에 의해 고려의 수도로 정해졌고 도성의 모든 사람들이 풍수사상에 따라 생활을 해왔기 때문에 풍수적 영향이 가장 많은 도읍지로 대표적인 몇 가지를 소개하고자 한다.

(4) 풍수의 영향

● 높은 집(高樓)을 짓는 것을 금했다

『도선비기(道詵秘記)』에 의하면 다산(多山)과 고루를 양(陽)이라 하 고 평옥(平屋)을 음(陰)이라 했는데, 우리 나라의 지형은 사방에 산이 많기 때문에 높은 집을 많이 지으면 음양이 부조화로 지기가 소멸된다 고 하였다. 이와같은 도선의 말을 따라 태조이래로 궁궐과 민가에 이르 기까지 높은 집을 짓는 것을 금하였다. 따라서 개성 시내에는 가옥의 높이를 제한하여 너무 높은 집을 짓지 못하도록 하였다.

● **복식과 예기의 색(色)을 정하였다**

1368년 고려 공민왕 때 사천감(司天監)이 전하기를,

"옥룡기(玉龍記, 도선비기)에는 우리 나라의 지세가 백두산에서 시작하여 지리산에서 끝나는 수근목간(水根木幹)의 땅이기 때문에 흑(黑, 水는 흑색임)을 부모로 하고, 청(靑, 木은 청색임)을 몸으로 하는 지덕(地德)이다. 풍속과 지덕에 순응해서 이를 따르면 국운이 번창하고 거슬리면 재앙이 있다. 이 풍속은 군왕과 신민의 의복 및 악조예기(樂調禮器) 등에서, 문무백관은 흑의청립(黑衣靑笠), 승복은 흑건대관(黑巾大冠), 여복은 흑라(黑羅)로 하도록 하였다. 또한 모든 산에 소나무를 심어 무성케하고 모든 기구는 풍토에 순응하도록 하였다."

이 말을 왕이 받아 들였다고 『고려사(高麗史)』에 전하고 있다.

3. 한양(漢陽)의 풍수

서울의 성곽은 북으로 북악산(北岳山), 남으로 남산(南山), 서쪽으로 인왕산(仁王山), 동북으로 낙산(駱山)이 자연스럽게 서로 이어져 성을 이루고 한강은 성 밖의 동남 일대를 에워싸 산하금대(山河襟帶)를 이상적으로 이루고 있다. 서울의 지세를 자세히 살펴보면 북쪽으로 북악산을 넘어 삼각산이 병풍처럼 둘러쳐져 있다. 삼각산은 높이 836m로

북한산(北漢山) 또는 화산(華山)이라고도 한다. 강원도 분수령(分水嶺)에서 뻗어 내려와 양주(楊州) 서남의 도봉산(道峯山)을 일으켜 그 여맥이 솟아 오른 산이다. 백운봉(白雲峯). 국망봉(國望峯, 일명 萬頃峯), 인수봉(仁壽峯)의 삼봉과 더불어 구름 속에 솟아나 세 줄기의 부용처럼 삼각을 이루고 있어 삼각산이라 하였다.

백악은 북악산이라고도 하며 높이 143m로 삼각산의 제일 남쪽에 있다. 서울의 진산(鎭山)으로 그 기슭에 궁궐터를 잡았으며 흡사 모란꽃[牡丹花]이 필듯한 봉오리와 같다. 남쪽에는 265m의 남산이 솟아 있는데 목멱(木覓)이란 별칭이 있다. 목멱이란 남산을 훈독(訓讀)한 것이라 한다. 가장 높은 봉우리를 잠두 또는 용두라고도 하며, 서울 도성의 안산(案山)이다. 한강은 북동쪽에서 흘러와서 남산의 남쪽을 감고돌아 서해로 흘러가는데 그 사라지는 모습을 볼 수 없다. 백악과 인왕산에서 발원하여 도성의 중앙을 관통하여 동쪽으로 청계천이 흐르고 백악, 인왕산, 남산 등의 여러 계곡에서 흐르는 물을 모아 중량포(中梁浦)에서 한강으로 합류한다. 즉, 청계천은 궁궐의 전방을 북서에서 동남으로 돌아 명당수(明堂水)가 되어 금(襟)과 같고, 한강은 북동에서 서남으로 남산을 돌아서 도성을 얼싸안고 돌아 대(帶)와 같아 산하금대(山河襟帶)의 명지이다.

서울은 백제가 고구려의 공격을 피해 제21대 개로왕 때 웅진(熊津, 공주)으로 천도하기 이전까지 120여 년간 왕도로 사용되었고, 고려 문종 2년(1048)에 남경(南京)으로 승격시키고 신궁을 짓고 이궁(離宮)을 두었다. 그후 숙종 원년 1096년 국도의 후보지로 정해 천도실까지 나왔다. 『도선비기』에 의하면 고려에 3경이 있는데 송악을 중경, 평양을 서경, 서울을 남경이라 했다. 숙종은 남경개창도감(南京開創都監)을 설치하고 신하들을 파견하여 궁터를 신중히 살피게 하였던 바 삼각산 남쪽의 지세가 모두 비기에 부합함으로 궁터는 여기 밖에 없다는 결론을 내렸다. 이 산의 중심 맥이 통하는 곳에 궁터를 잡아 임좌병향(壬坐丙向)으로 정하는 것까지 계획하였다. 이 계획은 뒤에 이성계가 국도를 서울로 정하고 궁궐을 짓는 계획과 일치한다.

조선 태조는 1394년 7월 12일에 음양산정도감(陰陽刪定都監)이란 임시 관청을 설치하여 풍수지리서를 검토하고 연구와 논란 끝에 신중히 도읍을 선정케 했다. 서울 천도에 대해서는 찬반 양론이 있었으나 태조는 당대 제일 가는 풍수가이기도 한 무학(無學)과 함께 남경의 지세를 직접 살펴보고 이곳을 국도의 후보지로 작정하고 무학에 물으니 무학도 이 땅이 사방이 높고 중앙이 평탄해서 도읍으로 적당하다고 했다. 태조는 그해 9월 권중화, 정도전 등 중신 6명을 서울에 보내 궁궐, 종묘, 사직, 조시(朝市), 도로의 터를 정하도록 하였다.

그해 9월 한양부 객사를 임시 별궁으로 정하여 천도하고 11월에 공작국(工作局)을 설치하여 도성 궁궐의 기공에 착수하였다. 태조 4년 1395년 9월 종묘와 신궁인 경복궁의 낙성을 보았으며, 도성조축도감(都城造築都監)을 설치하여 다음해 1396년 9월에 도성축조 공사도 준공되었다.

도성은 천지를 8방(方)으로 나타내어 8문(門)으로 하고 정북 감(坎)방에 숙정문(肅靖門), 동북 간(艮)방에 홍화문(弘化門, 뒤에 惠化門으로 개칭), 정동 진(震)방에 홍인문(興仁門, 홍인지문), 동남 손(巽)방에 광희문(光熙門), 정남 이(離)방에 숭례문(崇禮門), 서남 곤(坤) 방에 소덕문(昭德門), 정서 태(兌) 방에 돈의문(敦義門), 서북 건(乾) 방에 창의문(彰義門)이라 하였다. 다음은 한양 즉 서울에 대하여 풍수지리와 연관

된 전설 몇 가지를 소개, 정리해 보면 다음과 같다.

(1) 한양은 이(李)씨가 주인

한양은 이씨가 주인이란 말은 『도선비기』와 한양의 지세에 의한 것 두 가지가 있다. 우선 『도선비기』에 보면 '繼王者李 而都於漢陽'이라 하여 고려에서는 오얏나무를 한양에 심어 번성케 한 후 벌채하므로서 이것을 제압하려 하였다. 즉, 한양은 이씨의 왕도로 운명지워져 있었다고한다. 서거정(徐居正)의 『필원잡기(筆苑雜記)』 및 이중환(李重煥)의 『팔역지(八域地)』에도 이와 같은 내용이 보인다. 지세로 보면 함경도 안변 철령(鐵嶺)의 일맥이 남쪽으로 오륙백 리 와서 양주(楊州)에 이르고, 도봉산과 백운대로 이어져 더 남쪽으로 뻗쳐 백악이 되었다.

이것은 풍수상 목체내룡(木體來龍), 탐랑목성내룡(貪狼木星來龍)이라 한다. 『팔역지』에 형가(形家)가 '궁성의 주인은 충천목성(衝天木星)이 된다' 고 말했다. 충천목성이란 첨두목체산(尖頭木體山)으로 목산(木山)이 한양의 주인이 된다는 것으로 목성(木星)이 이 도읍의 주인이라는 것이다. 이(李)자를 파자(破字)하면 목(木)의 자(子)이니 즉, 목(木)이다. 하늘에는 목성(木星), 땅에는 이(李) 즉, 이씨가 하늘의 명을 받아 도읍을 정할 곳이 바로 한양이라는 것이다.

(2) 무학(無學)과 정도전(鄭道傳)의 좌향론(坐向論)

경복궁을 세울 때 무학과 정도전은 의견이 크게 달랐다. 무학은 인왕산을 진산으로 하고 남산과 백악을 좌우 용호(龍虎)로 하는 좌향 즉, 유

한양 도성도

좌묘향(酉坐卯向)으로 해야 한다는 주장이고, 정도전은 고래(古來)로 군주는 남면(南面)하여 정사를 보았고 동면(東面)하여 조정에 임한 자를 듣지 못했다고 하며 백악 즉, 북악을 진산으로 하여 임좌병향(壬坐丙向)을 주장하여 결국에는 정도전의 주장을 따라 정해졌다.

이에 무학은 탄식하며 "내 말에 귀를 기울이지 않으면 200년 후에 후회할 것"이라고 하였다. 왜냐 하면 의상(義相)대사의 『산수비기(山水秘記)』에 보면, '도읍(都邑)을 택할 자가 승려(僧)의 말을 믿고 들으면 국운의 연장을 바랄 수 있으나 만약 정(鄭)씨가 나와 시비를 하면 오세(五世)가 되지 못해 찬탈의 화가 생기고 200년 내외에 그 명이 다할 위험이 있다고 하였으니 이 비기는 적중하지 않는 것이 없다.'고 했다. 과연 얼마 안 되어 이방원의 난이 있었고 수양대군의 왕위 찬탈과 중종반정, 임진왜란이 일어났다.

(3) 성문(城門)에 얽힌 풍수 이야기

① 남대문(南大門)

남대문의 원 이름은 숭례문(崇禮門)이다. 숭례의 예(禮)는 오행의 화(火)이고 남방이기 때문에 남쪽을 나타낸다.

특이한 것은 이 성문의 문액(門額)만이 종액(縱額)이고 종서(縱書)이다. 이것은 숭례(崇禮)의 두 글자가 화(火)의 염상을 상징하고 남쪽의 화산(火山)인 관악산에 대항케 하기 위한 것이다. 관악산 연주봉에 방화부(防火符) 아홉 개를 넣어 묻은 것도 관악산의 화기를 누르기 위한 것이었다고 한다.

② 동대문(東大門)

동대문은 흥인문(興仁門)이라고 한다. 인(仁)은 목(木)에 속하고 목(木)은 동(東)에 해당하기 때문에 흥인은 동방을 의미한다. 그런데 이 문액도 다른 문과 다른 점이 있다. 즉, 다른 문은 모두 세 자로 되어 있는데 이 문액만은 흥인지문(興仁之門)이라는 네 자로 되어 있다. 이것은 임진왜란 이후 동방이 낮고 허술하여 함락되었다고 해서 이를 보완코자 지(之)자를 추가하여 사자명으로 되어 있다.

이 성문에는 부속하는 곡성(曲城)도 이 허점을 보(補)하려 한 것이다. 이것은 동쪽에 산을 쌓는 대신 갈지(之)자를 문이름에 덧붙인 것이다. 지(之)자와 현(玄)자는 풍수상 용이 오는 모습, 즉 산맥의 모양을 나타낸 글자로 사용되고 있기 때문에 실제로 산을 쌓는 노력 대신에 산맥을 나타내는 지(之)자를 사용하였던 것이다.

④ 대한문(大漢門)

이 문은 덕수궁의 궁문으로 원래 대안문(大安門)이던 것을 먼 훗날 고종이 총애하던 현영운(玄暎運)의 첩실인 배(裵)씨가 양장에 모자를 쓰고 자주 궐문을 출입하고 있어 그를 싫어하는 자가 왕에게 주청하여 비기에 대안문의 안(安)자는 여자가 관을 쓰고 있는 형상이기 때문에 만약 모자를 쓴 여자가 이 문을 출입하면 나라가 망하니 주의해야 한다고 하였다. 이에 왕은 그 주청을 받아들여 대한문(大漢門)이라 개칭하고 배씨의 출입을 금하였다.

또 창의문(彰義門)은 이 문 밖의 지세가 흡사 지네의 모양이기 때문에 풍수사의 말대로 닭을 조각하여 문 위에 설치하였다고 한다.

(4) 경복궁(景福宮)

경복궁은 고려의 이궁터 남쪽에 자리를 정한 것으로 풍수지리의 이론에 따라서 보면 북악을 진산으로 하고, 동으로 좌청룡인 낙산(駱山), 서로 우백호인 인왕산이 있고, 남으로 안산인 남산이 있다.

경복궁은 조선왕조의 정궁으로 궁을 중심으로 좌묘우사(左廟右社)의 제도이다. 경복궁 왼쪽에 종묘(宗廟)를 세우고 오른쪽에 사직단(社稷壇)을 설치하였다. 경복궁은 태조 3년(1394) 10월에 창건하기 시작하여 1395년 9월에 조성되었으나 외곽 궁담은 1398년에 축조되었다. 1395년 10월에 정도전이 신궁의 이름을 경복(景福)이라 하고 각 전각의 이름도 함께 정했다.

1426년 세종 8년에 궁문을 조성하고 근정전(勤政殿)의 제1문을 흥례문(興禮門), 제2문을 광화문(光化門), 동쪽 협문을 일화문(日華門), 서쪽 협문을 월화문(月華門)이라 하고, 궁의 동문을 건춘문(建春門), 서문을 영추문(迎秋門), 근정전 앞 개울의 다리를 영제교(永濟橋)라 하였다. 세종 15년(1433) 7월 궁의 북쪽 담장을 쌓고 북문인 신무문(神武門)을 세웠다. 궁궐의 네 문은 동청룡(東靑龍), 서백호(西白虎), 북현무(北玄武), 남주작(南朱雀)의 사신(四神)을 상징한다.

1399년 정종(定宗)이 즉위하여 반년만에 개성으로 환도하여 빈 궁궐로 있었으며, 태종 5년(1405)에 서울로 다시 천도하였으나 경복궁에 들지 않고 창덕궁(昌德宮)을 건립하여 그곳에서 정사를 보았다.

1426년(세종 8년) 10월 세종은 창덕궁에서 경복궁으로 환이하였다. 선조 25년(1592) 4월 임진왜란 때 난민들의 방화로 전 궁궐이 불타 폐허가 되었다. 그뒤 270년간 복구하지 못하고 있다가 고종 2년 1865년

4월 대원군에 의하여 경복궁 중건공사를 시작하여 고종 4년(1867)11월에 완공하게 되었다. 그러나 고종 13년(1876) 11월 4일 큰 불이 나 침전인 강령전(康寧殿)과 전각 830여칸이 소실되었다. 고종 25년 1888년에 복구 공사가 시작되어 완공하였다. 1917년 11월 창덕궁에 화재가 발생하여 대조전(大造殿) 등 모든 침전이 불타자 일제(日帝)에 의해 경복궁의 침전을 헐어다가 창덕궁의 침전을 복원하였다.

경복궁은 그 동안 일제에 의해 갖은 수난을 다 겪다가 1910년에는 근정전 앞을 가로막아 육중한 석조전인 조선총독부 건물을 기공하여 수많은 궁내 전각을 마구 헐어내고 1926년에 준공하였다. 이 총독부 건물은 1945년 광복이후 정부청사로 그대로 사용하여 오다가 1990년 4월부터 일제가 파괴 변형시킨 경복궁을 궁궐 본래의 모습으로 복원하기 위한 발굴조사 작업을 시작으로 총독부 청사를 철거 정비하고, 모든 전각을 복원하는 등 정궁의 위용을 갖춘 새로운 역사교육의 현장으로 면모를 일신하여 민족정기의 구심점이 되고 있다(사적 제117호).

(5) 창덕궁(昌德宮)

창덕궁은 1401년 태종이 개성에서 즉위하여 서울로 다시 천도하기로 하고 1404년 이직(李稷), 신극례(辛克禮)를 한경이궁조성제조(漢京離宮造成提調)로 임명하고 창덕궁 조성을 시작하여 태종 5년(1405) 조선 왕궁의 이궁으로 창건되었다.

세조 7년(1461), 각 전각의 이름을 붙였는데 선정전(宣政殿), 소덕당(昭德堂), 보경당(寶慶堂), 양의전(兩儀殿), 여일전(麗日殿), 정월전(淨月殿), 징광루(澄光樓), 응복정(凝福亭), 옥화당(玉華堂), 광세전(光世

殿), 구현전(求賢殿) 등이 그것이다. 선조 25년(1592) 임진왜란으로 소실된 것을 광해군 원년(1609)에 중건을 시작하여 광해군 5년에 완전 복구되었다. 그후 1623년 인조반정 때 실화로 여러 전각이 소실되었고, 1624년 이괄(李适)의 난 때 또 소실되었다. 인조 25년(1647) 대조전(大造殿), 선정전(宣政殿), 희정당(熙政堂) 등 많은 전각이 중건되었고, 영조 52년(1776) 규장각(奎章閣)을 새로 지었으며, 순조 8년(1828)에 민가 양식의 연경당(演慶堂)을 건립하였다.

고종 광무 8년(1904)부터 창덕궁 후원을 비원(秘苑)이라 부르기 시작하였다. 1917년 창덕궁에 화재가 일어나 대조전 등 내전 일곽이 소실되자 이를 복구한다는 명목으로 정궁인 경복궁의 교태전, 강녕전, 동서행각, 연길당, 함원전 등을 철거하여 1920년 일본인들에 의해 복구되었다. 이와 같이 경복궁을 헐어 창덕궁을 복원한 것은 500년 조선왕조의 정궁인 경복궁을 의도적으로 훼손 변형시켜 민족의 정체성을 뿌리 채 말살시키려는 간악한 일본의 흉계에서 비롯된 것이다. 지금 창덕궁에는 인정전, 대조전, 선정전, 희정당, 선원전, 수강재, 낙선재, 경훈각, 가정당, 주합루, 승화루, 연경당, 인정문, 금천교, 돈화문과 함께 지세에 순응하는 순 한국식 조경의 창덕궁 후원이 잘 보존되어 복잡한 도심에 멋진 고궁의 모습으로 남아 있다(사적 제122호).

(6) 창경궁(昌慶宮)

창경궁은 세종 원년(1418), 태종이 거처하기 위해 지은 수강궁(壽康宮)을 성종 13년(1482), 창경궁 대조영공사가 시작되어 성종 15년(1484) 9월 27일 낙성되었다. 이 궁도 임진왜란 때 소실된 것을 광해군

2년(1610)에 일부 복원하고 광해군 7년(1615)에 다시 복원공사를 시작하여 광해군 8년(1616) 11월 대략 마무리하였다.

그후 1623년 인조반정과 1624년 이괄의 난 때 일부 소실된 것을 인조 11년(1633) 7월에 완전히 중건되었다. 창경궁은 조선 초기부터 동향으로 배치되어 있는데 중건 당시 남향으로 하자는 의견이 많았으나 채택되지 않았다. 남향 배치론이 받아들여지지 않는 이유는 함춘원(含春苑, 현 서울대 병원과 의과대학 경내에 함춘원이 있다) 남쪽 산기슭이 경복궁, 창덕궁, 창경궁, 종묘의 내청룡(內靑龍) 맥(脈)이 되기 때문에 만약 남향으로 짓기 위해 이 맥을 끊으면 안 된다는 풍수적 주장이 크게 작용하였기 때문이다.

창경궁은 1909년 일제의 민족 문화 말살 정책에 따라 궐내 전각을 일부 헐고 동물원과 식물원을 개설하고, 1911년 궁 안에 일본식 건물인 박물관을 신축하여 지맥을 끊고 경내에 벚나무를 심어 놀이터로 만들고 창경원(昌慶苑)이라 이름을 바꾸었다. 또한 창덕궁, 창경궁과 종묘 사이에 관통도로를 크게 내어 창덕궁, 창경궁과 종묘로 이어지는 지맥을 끊었으며, 더더욱 간교한 것은 창경궁의 정면에 경성제국대학교 의과대학과 병원을 세운다는 명분 아래 비명 소리와 피가 흐르는 건물을 시체실과 함께 건립하였던 것이다.

1983년부터 1986년 사이에 일제에 의해 훼손되었던 경내의 동물원, 박물관 건물, 기타 놀이시설과 벚나무 등을 모두 철거하고, 그 동안 멸실되었던 명정전을 비롯 일부 전각과 행각 등을 중창하여 경내를 완전 복원 정비하여 궁궐의 명칭도 창경궁으로 다시 살리고 민족의 자긍심을 일깨우는 역사 교육의 도장으로 바꾸어 놓았다(사적 제123호).

(7) 동궐도(東闕圖)

궁궐도는 삼국시대부터 그려져왔으나 조선조에 이르러 가장 발달하였다. 조선왕조의 궁궐도를 기록에 의해 살펴보면 태조 2년(1392) 서운관사(書雲觀事) 권중화(權重和)가 신도종묘사직궁전조시형세지도(新都宗廟社稷宮殿朝市形勢之圖)를 그렸는데 태조가 서운관 및 풍수학인인 이양달(李陽達), 배상충(裵尙忠) 등에게 면세(面勢)를 살펴보게 하였다고『태조실록』권3 및『조선왕조실록』1권1에 기록되어 있어 아마도 이 그림이 조선왕조 궁궐도의 시초라 할 수 있다.

북궐(北闕)인 경복궁, 동궐(東闕)인 창덕궁과 창경궁, 서궐(西闕)인 경희궁(慶熙宮), 별궁(別宮)인 화성궁(華城宮)이 그려졌는데 그 중에서

동궐도의 일부

도 가장 화려하고 뛰어난 것이 동궐도이다. 동궐도는 16개의 화첩으로 평행사선구도(平行斜線構圖)에 의거 우측에서 좌측으로 전개되며 순서에 따라 볼 수 있도록 되어 있다. 동궐도는 비단에 먹과 채색을 하여 산수를 배경으로 창덕궁과 창경궁의 수많은 전각과 재실(齋室), 누정(樓亭), 당청(堂廳), 낭방(廊房), 궁장(宮墻)을 비롯한 건축물과 지당(池塘), 조원(造苑) 등 시설물과 주변의 자연 경관까지 자세하게 묘사되어 있고 특히 건물의 현판에 각기 명칭이 적혀 있어 사실확인이 용이하다. 따라서 동궐도는 궁궐의 역사뿐만 아니라 건축, 조원, 생활. 과학 등 여러 분야에 걸쳐 귀중한 역사적 자료이자 훌륭한 작품인 것이다.

현재 고려대학교 박물관과 동아대학교 박물관에 각 1점씩 소장되어 있다. 제작 연대와 작가가 미상인 것이 아쉬움이다(국보 제249호).

(8) 청와대(靑瓦臺)

현재 청와대 건물은 조선왕조의 정궁인 경복궁의 후원 깊숙이 들어앉아 마치 북악의 기(氣)가 경복궁 근정전 앞을 지나 광화문에서부터 방사선처럼 퍼져나가는 것을 길목에서 누르고 있는 형국이라 할 수 있다. 1990년 청와대 경내 대통령 관저 신축 공사장 뒷산 암벽에서 발견된 '천하제일복지(天下第一福地)'라고 음각된 표석에 대해 당시 금석학의 대가이며 서지학자이고 문화재위원장이던 청명(靑溟) 임창순(壬昌淳) 선생으로부터 300~400년전 조선 중기에 쓴 것 같다는 자문을 받았다고 한다.

그 표석이 가르키고 있는 지역이 현 청와대 일대의 양택지를 말하는 것이라고는 볼 수 없고 북악산 아래 펼쳐진 명당, 즉 경복궁지를 굽어보면서 쓴 것이 아닐까 생각해 본다. 현재의 청와대 자리는 일제하의 조선총독부 관저가 있던 곳이다. 당시 일제는 민족정기 말살정책의 일환으로 풍수적 관점에서 우리 국토의 요소요소에 기를 끊거나 기를 누르기 위한 만행을 자행했다. 그 예로 경복궁 후원 북악산 기슭에 총독관저를 세운다는 구실로 진산의 맥을 헐고, 근정전 앞을 가로막아 육중한 총독부 청사를 세웠었고, 경복궁 경내에 만국박람회장을 설치하고 관통 도로를 내기로 계획하였던 것이다. 따라서 현 청와대 자리는 일제에 의해 의도적으로 훼손된 곳을 광복 50년이 지난 오늘까지도 역대 정부가 신증축을 거듭하면서 그대로 고수하고 있는 것이다.

역사적으로 이곳에는 북악의 기를 다치지 않기 위하여 여타 통치 기구나 주거 시설마저도 허용되지 않았다는 사실을 깊이 생각해 보아야 한다. 다만 주혈맥을 비껴 자하문 쪽으로 칠궁을 두어 왕의 생모나 추존왕의 생모로 빈(嬪)으로 책봉된 일곱 분의 신위(① 제14대 선조의 5남이고 16대 인조의 생부인 원종(元宗), ② 제20대 경종의 생모인 희빈 장씨, ③ 제21대 영조의 생모인 숙빈 최씨, ④ 영조의 장남 진종의 생모인 정빈 이씨, ⑤ 영조의 2남 사도세자의 생모인 영빈 이씨, ⑥ 제23대 순조의 생모인 수빈 박씨, ⑦ 제26대 고종의 3남 영친왕의 생모 순헌귀비 엄씨 등)를 봉안한 곳으로 규모를 작게 하여 주변에서 잘 보이지 않게 하였다.

현 청와대는 8·15광복과 더불어 초대 이승만(李承晩) 대통령이 총독관저를 경무대(景武臺)로 이름만 바꿔 그대로 썼으며, 그 뒤 박정희(朴正熙) 대통령이 청와대로 이름을 바꿔 전두환(全斗煥) 대통령 때까지 그대로 사용하였으며, 노태우(盧泰愚)대통령 때 현 건물을 신축하여 대통령 관저로 사용하고 있다. 광복 반세기만에 경복궁의 근정전의 전면은 총독부 건물을 철거하여 그 위용을 되찾았으나 정궁의 후원부인 뒤쪽은 그대로 있어 풍수지리적으로도 상당한 이론이 있으므로 재고되어야 할 과제라고 생각한다.

제 7 장

장사지내는 법 〔葬法〕

1. 전통상례(傳統喪禮)

관(冠)·혼(婚)·상(喪)·제(祭) 등 4례(四禮)는 송나라 때 편찬된 『주자가례(朱子家禮)』에 의거해서 발전해왔다. 우리 나라에서도 삼국 시대와 고려 시대를 거쳐 조선 시대에 오면서 더욱 구체화 되었는데, 조선 제 4대 세종이 편찬을 시작하여 제 7대 세조 때 완성된 『오례의(五禮儀)』는 길례(吉禮 : 祭禮), 흉례(凶禮 : 喪禮), 군례(軍禮), 빈례(賓禮), 가례(嘉禮 : 冠禮)에 대한 예전(禮典)이다. 그리고 조선 영조 때 도암 이재(陶菴 李縡)의 『사례편람(四禮便覽)』이 나왔으며 조선조 중엽에 와서는 예론(禮論)으로 발전하였으나 이 예론으로 인해 사색당쟁(四色黨爭)을 일으킨 원인이 되기도 했다.

그뒤 당파별로 가례를 정해 내려오면서 지금까지도 집집마다 조금씩 다른 가례(家禮)가 있는 것이 사실이다. 그러나 여기서는 예법 전부를 논하고자 하는 것이 아니고 이 책의 성질상 상례(喪禮)와 장례(葬禮)에 대해서만 논하기로 한다. 우리의 관습에 관혼상제(冠婚喪祭)의 의례 중 가장 엄숙하고 까다로운 것이 상례라 할 수 있다. 그러나 이와 같은 상례도 근래에 와서는 그 번거로움을 피해 간소화하는 것이 일반적이다.

(1) 운명(殞命)또는 임종(臨終)

병환이 위독하여 회생의 가망이 없다고 판단될 때 방을 깨끗하게 치우고 깨끗한 평상복으로 갈아 입히고 주위를 조용히 한다. 코 밑에 붙인 얇은 솜이 흔들리지 않으면 운명한 것이다. 운명하면 이불로 시체(屍體)를 덮고 가족은 곡(哭)을 한다.

(2) 수시(收屍)

수시란 시신(屍身)을 바르게 한다는 뜻이다. 먼저 눈을 감게 하고, 머리를 북(北)쪽으로 가게 하여 바로 눕히고, 깨끗한 풀솜으로 귀와 코를 막고 머리를 높여 반듯하게 한다. 두 손을 배위에 모으는데 남자는 왼손이 위로 가도록 하고, 여자는 오른손이 위로 가도록 하여 백지로 묶고 두 발도 가지런히 하여 백지로 묶는다. 이는 사지가 뒤틀리지 않고 반듯하게 하기 위해서이다. 다음은 홑이불을 머리까지 덮고, 병풍으로 가리우고 촛불을 밝히고 향을 피운다.

(3) 고복(皐復)

고복은 망인(亡人)의 영혼을 부르는 것이다. 죽은 사람의 상의(속적삼)을 가지고 동쪽 지붕이나 높은 곳에 올라가 왼손으로 옷의 깃을 잡고 오른손으로는 옷의 허리를 잡고 북쪽을 향하여 옷을 휘두르며 돌아간 분의 성명이나 택호 등을 세 번 부르고 "복(復), 복, 복" 한 후 옷을 받아다 시신 위에 덮는다. 이와 같이 초혼(招魂)이 끝나면 머리를 풀고 소리 내어 곡을 한다. "아무의 복", 혹은 "아무 어른 복", 또는 "아무 아저씨 복", "아무 대부 복"이라 하고 부인의 상중이면 "아무 댁 복", "아무 아주머니 복", "아무 대모 복"이라 부른다.

현대는 수시(收屍)가 끝난 뒤 하기도 하는데 고인의 상의를 가지고 안방 문 앞 추녀 밑에서 '복'을 부른 후 상의를 지붕 위에 던져 올렸다가 잠시 후 옷을 내려 시신 위에 덮고 그 위에 홑이불을 덮는다. 요지음 상을 당하면 점포나 상가에 '상중(喪中)' 표시를 하고 있는데 혹, '기중(忌中)'이라 써서 붙이기도 한다. 손 아래 사람에게 쓰면 망발이 되므로 '상중'이라고 쓰는 것이 손 위나 손 아래나 모두 적당하다고 본다.

(4) 발상(發喪)

발상이란 초상난 것을 발표하는 것으로 우선 상주(喪主)와 주부(主婦)를 세우는데 아버지가 돌아가시면 큰 아들이 상주가 되지만 큰 아들이 없을 때는 장손(長孫)이 승중(承重)하여 상주가 된다. 승중(承重)이란 조부모의 상을 아버지를 대신해서 상주가 되는 것을 말한다.

또한 아버지가 없고 형제만 있을 때는 큰형이 상주가 된다. 주부(主簿)는 원래 죽은 사람의 아내지만 아내가 없으면 상주의 아내가 주부가 된다. 호상(護喪)은 일가 친척 가운데써 상례에 밝은 자를 정해서 상사를 그에게 물어써 행한다. 친척이나 친지, 친우 가운데 호상을 정해 모든 일을 맡아 처리토록 하기도 한다. 사서(司書)나 사화(司貨)는 자제나 친척들 가운데서 정하여 일을 맡아 처리하도록 한다.

(5) 전(奠)

전이란 망인(亡人)을 산 사람과 같이 섬긴다는 뜻에서 생시나 다름없이 음식을 올리는 것으로, 포나 과일, 나물 등의 음식도 무관하다. 그다음 축관이 몸과 의관을 정제하고 술을 부어 제상 위에 잔을 올린다.

(6) 치관(治棺)및 부고(訃告)

호상은 목수에게 관을 준비하도록 한다. 관을 만드는 데는 소나무가
제일 좋다. 그 다음이 잣나무이다. 부고는 호상이 사서에게 일가 친척,
친지들에게 상을 당한 사실을 알리는 것을 말한다. 임종에서 이 절차까
지를 초종(初終)이라 한다.

(7) 습(襲)

습이란 시신을 닦고 수의를 입히고 염포(殮布)로 묶는 절차를 염습
(殮襲)이라 한다. 먼저 향나무를 달인 물로 시신을 깨끗이 씻기고 수건
으로 닦은 다음에 손톱과 발톱을 깎아 주머니에 넣고 머리를 빗질하여
가지런히 한다.

이때 빠진 머리털은 모두 모아 주머니에 넣는다. 이 주머니는 모두 대
렴시에 관속에 넣는다. 그 다음 시신을 침상에 눕히고 수의를 입히는데
옷은 오른쪽으로 여민다. 이 때 도포 등 심의(深衣)는 여미지 않는다.

(8) 설전(設奠)

주(酒)·과(果)·포(脯) 등을 차려놓고 상주는 시상(屍狀) 동편에 앉
고 부인들은 서편에 앉아 곡(哭)을 한다.

(9) 반함(飯含)

상주가 버드나무 수저로 좌수(左手)로 쌀과 구슬 1개를 망인의 입에 물려주는데 (3번) 반함이 끝나면 왼쪽 어깨에 벗었던 옷을 입는다.

(10) 졸습(卒襲)

먼저 망건을 씌우고 폭건(幅巾)을 더한다. 귀를 막고 얼굴을 덮고 신을 신긴다. 도포나 두루마기를 산사람과 반대로 여미고 큰 띠로 두른 다음 두손을 싸매고 이불을 덮는다. 이를 졸습이라 한다.

혼백(魂帛)(옛날에는 비단이나 안동포 같은 것으로 만들었는데 근대에 와서는 백지로 접어 쓰기도 했으며, 현대에는 사진으로 대신한다.)을 만들어 교의(交椅)위에 놓아둔다. 제물을 올려 놓고 제상앞에 향로를 놓는다. 그리고 붉은 비단을 전폭(全幅)으로 명정(銘旌)을 만들어 참대로 깃대(竹)를 만들어 영좌의 오른 쪽에 기대 놓는다.

명정의 서식은 남자는 모관모공지구(某官某公之柩), 부인은 모봉모관모씨지구(某封某貫某氏之柩)라고 쓴다.

(11) 소렴(小殮)

소렴은 사망한 다음 날에 한다. 시상(屍床) 위에 매장포[東帛]를 가로로 상,중,하 셋을 펴놓고 그 위에 길이폭[縱幅]을 길이로 놓는다 그 위에 소렴 이불을 깔아 놓고 시신을 올려 놓는다 다음은 산의(散衣)나 백지·솜으로 양 어깨 위와 턱 밑의 들어간 곳을 채우고 산의나 백지로 시신을 싸되 생자와 같이 여민다. 그 다음 매장포[東布]로 묶는데 먼저 길이폭을 당겨 세쪽을 묶고 횡폭의 쪼개인 끝을 잡아 맨다. 이때 주의

할 것은 시신을 바르게 하여야 한다. 염습은 집안 사람이 하는 것이 좋다. 소렴이 끝나면 전(奠)을 올리는데 영좌 앞에 나아가 주(酒),과(果), 포(脯)를 올리고 분향하고 술을 올린 다음 재배한다. 이때 주인은 곡만 한다. 축관이 잔을 올린다.

(12) 대렴(大斂)

대렴이란 소렴이 끝난 뒤 시신을 입관하는 의식으로 소렴이 끝난 다음날 한다. 근래에는 소렴을 끝으로 입관하고 있다. 대렴상 위에 세로로 한 폭을 놓고 가로는 두 폭을 펴고 그 위에 이불을 펴놓고 시신을 옮긴 다음 산의(散衣)로 시신의 오목한 부분을 보충하고 이불을 소렴과 같이 여미고 소렴 때와 같이 묶고 관에 넣은 후 주머니(손톱, 발톱, 머리털)을 상하좌우 제자리에 놓는다. 관의 윗 덮개를 덮고 유지(油紙)로 관을 싼 후 끈으로 관을 묶고 관포(棺布) 또는 거적으로 싼 다음 새끼를 감아서 관을 묵은 후 관을 옮겨 병풍이나 포장으로 가리고 관 동쪽에 영상을 설치하고 제물을 올린다. 소렴 때와 같다.

(13) 성복(成服)

대렴 다음날 죽은지 4일째 날에 하는 의식이다. 오복(五服)의 사람들이 각각 그 복을 입고 제자리에 나간 후에 상주는 분향 재배한 다음 잔을 올리고 상주 이하는 곡을 하며 재배한다. 복에는 부당(父黨), 모당(母黨), 처당(妻黨) 등 삼당으로 오복이 있다. 그러나 현대에 와서 3일 탈상, 49일 탈상, 1년 탈상 등으로 복제는 별뜻이 없으므로 생략하겠다.

2. 전통 장례

(1) 택지(擇地)

부모가 연만하면 미리 안장할 곳을 정해두어야 한다. 그렇지 않을 경우 임종 후에 서둘러 장지를 물색해 정해야 한다.

(2) 택일(擇日)

일관으로 하여금 택일토록 하여 장일을 정해 알린다. 보통 3일장, 5일장, 7일장을 한다. 옛날에는 유월장(踰月葬, 죽은 다음 달에 치르는 장례)도 하였다.

(3) 발인(發靷)

상여가 장지로 떠나는 것을 말한다. 이때 발인제를 지내는데 관앞에 병풍을 치고 제수를 준비하여 축문을 읽고 상주는 곡을 하고 재배한다.

(4) 출상(出喪)

발인제가 끝나면 상여가 장지로 떠난다. 이를 출상 또는 운구라고도 하는데 상여로 모실 때에는 조기(弔旗), 운아(雲亞), 공포(功布), 명정

(銘旌), 영위(靈位), 행상인도자(行喪引導者), 상여, 상주, 백관(白官), 조객순으로 행렬을 이룬다. 장지로 가는 도중에 노제(路祭)를 지내는 경우가 있는데 고인의 제자, 벗, 계원 등이 음식을 준비했다가 지내는 것이다. 마지막 고별 인사라 할 수 있다.

(5) 영악(靈幄)

상여가 장지에 이르기 전에 혼백을 모실 영악(천막을 치고 조문객을 받는 곳)을 치고 기다린다. 상여가 도착하면 그 아래 병풍을 치고 제상을 놓고 제상머리에 혼백을 모실 교의(交椅)를 둔다. 혼백을 모신뒤에는 제상을 차리고 상주는 곡을 한다. 조문객은 이 곳에서 조문을 한다.

(6) 산신제(山神祭)

상주의 친척 중에 상주를 대신해서 산신제를 지낸다. 산신에게 묘소의 보호를 위해 축문을 읽고 제사를 올린다.

(7) 하관(下棺)

상주는 곡을 그치고 하관에 참여하되 하관 작업에 직접 손을 대지 아니한다. 하관은 관을 혈(穴) 중에 넣는 일로 광목이나 줄을 관 밑에 넣어 조용히 들어서 수평이 되도록 혈(穴) 안에 넣고 줄을 뺀 다음 관의 좌측상에 「운(雲)」, 우측상에 「아(亞)」를 넣고 관 위에 명정을 덮고 횡대로 그 위를 덮은 다음 흙을 채우고 봉분을 만든다.

(8) 성분(成墳)

분묘의 높이는 약 1m 20cm 정도로 하고 길이를 조금 길게 하고 잔디를 입힌다. 분묘 앞에 묘비를 세우되 묘비 앞면은 관직명을 쓰고 뒷면에는 세계(世系)와 행적을 기록한다. 묘 앞에 상석을 놓고 상석 앞에 향로석을 놓는데 이와 같은 석물은 장례 당일에 꼭해야 하는 것이 아니고 사후 형편에 따라 하면 된다.

(9) 반혼(返魂)

평토제를 마치면 혼백을 모시고 귀가하는데 집에 도착하면 집에 있던 안상주들은 대문 밖으로 나와 혼백을 맞이하여 상주와 마주 곡을 하고 혼백을 빈소에 모신다. 이와 같이 혼백을 다시 집으로 모셔 오는 것을 반혼이라 한다.

(10) 초우(初虞)

반혼(返魂)하여 돌아오면 제사를 지내는데 이 제사가 초우이다. 장례 당일 지내는 제사다.

(11) 재우(再虞)

장례를 치르고 난 후 초우를 지내고 첫 유일(柔日: 乙, 丁, 己, 辛, 癸日))을 당하여 재우제를 지내는데, 보통 초우 다음 날 아침에 지낸다.

(12) 삼우(三虞)

재우를 지낸 후 첫 강일(剛日:甲, 丙, 戊, 庚, 壬日)에 삼우제를 지낸
다. 일반적으로 재우 다음 날 아침에 지내고 성묘를 한다.

(13) 졸곡(卒哭)

삼우를 지낸 후 3개월이 지난 후 첫 강일에 제사를 지낸다. 졸곡제를
지낸 후 부터는 수시로 곡을 하지 아니 하고 조석(朝夕)으로 곡만 한다.
졸곡을 지난 뒤에는 절사(節祀)나 기제(忌祭)나 묘제(墓祭)등을 지낼
수 있다.

(14) 부제(祔祭) 또는 부사(祔祀)

졸곡을 지낸 다음 날 지내는 제사로 새신주를 조상 신주 곁에 모실 때
지낸다. 이 제사는 사당에서 지낸다는 것이 다른 제사와 다르다. 신주
를 모실 때는 먼저 조고(祖考)의 신주를 모셔다가 영좌에 놓고 다음으
로 조비(祖妣)의 신주를 모셔다 그 동쪽에 놓는다.

상주 이하가 영좌에 나가 곡을 하고 축관이 새 신주를 받들고 사당으
로 들어가 영좌에 놓는다. 새 신주를 모실 때에는 향을 피운다. 제사를
지낸 뒤, 조고·조비의 신주를 모시고 새 신주를 모시는 것으로 제사를
끝낸다. 초헌 후에 축문을 읽는다.

(15) 소상(小祥), 대상(大祥)

소상은 초상을 치르고 만 1년이 되는 기일에 지내는 제사이다. 옛날에는 날을 받아 지냈다. 이때 변복(變服)을 하는데 연복(練服)(빨아서 다듬는 것을 말함)을 입도록 미리 준비해야 되고, 남자는 수질(首絰, 장례시 머리에 두르는 짚과 삼으로 엮은 띠)을 벗고 여자는 요질(腰絰)을 벗는다. 또한 기년복(朞年服)만 입는 사람은 길복(吉服)으로 갈아입는다. 모든 복인은 강신하기 전에 연복(練服)으로 갈아 입고 곡을 한다. 제사 절차는 졸곡 때와 같다.

대상(大祥)은 초상 후 2년 만에 지낸다. 남편이 아내 상에는 13개월만에 지낸다. 이 제사에는 백립을 쓰고 흰신을 신으며 여자는 흰옷에 흰신을 신는다. 제사가 끝나면 새 신주는 사당에 모신다. 이 대상을 지내면 상복을 벗고 젓갈이나, 간장, 포 같은 것을 먹는다.

(16) 담제(禫祭)

대상을 지난 후 그달 정일(丁日)이나 해일(亥日)을 정해 제사를 지내는데 이 제사를 담제라 한다. 제사 절차는 대상 때와 같다. 이 제사가 끝나야 상주는 비로소 술을 마시고 고기를 먹는다.

(17) 길제(吉祭)

담제(禫祭)를 지내고 그 다음 날 정일(丁日)이나 해일(亥日)을 정해 지낸다. 아버지가 먼저 작고해서 사당에 들어갔으면 어머니 초상(初喪)

이 끝난 후 따로 길제를 지낸다. 이때는 평상복을 입고 신위에 고하는 제사를 올린다. 보통 사대봉사(四代奉祀)의 경우 제사가 끝나면 대(代)가 지난 신주는 묘소 곁에 묻는다. 이 때는 묘소에 주과를 올린다.

3. 오산연운법(五山年運法)

주자(朱子)는 장사(葬事)란 그 조부모(祖父母)의 유체(遺體)를 땅속에 묻는 것인데 반드시 조심스럽고 정성을 다해 편안하고 안전하게 모셔 장구히 보전할 때 조부모의 신령이 편안하며 자손이 대대로 번성한다고 하였다.

장사(葬事)에 대한 이와 같은 주자(朱子)의 말이나 우리의 일반적인 장사에 대한 관습으로 미루어 볼 때 오늘날 일부에서 논의되고 있는 화장(火葬)에 대한 주장은 국토관리나 환경보전 차원을 떠나 풍수지리적으로는 공감을 얻기가 어렵다고 보아지며, 나아가 조선 시대에 화장이 금지된 까닭을 짐작케 한다. 장법은 죽은 사람을 장사 지내는 법으로 택지(擇地)와 정혈(定穴), 좌향(坐向), 혈(穴)의 깊이, 봉분의 크기, 석물(石物), 혈 아래 흙을 쌓는 일과 수로(水路), 조림(造林) 등이 모두 여기에 해당한다.

그러나 정혈(定穴)에 관해서는 앞에서 논했고 중요한 좌향(坐向) 관계는 나경사용법(羅經使用法)에서 구체적으로 상세하게 논하기로 하고 여기서는 오성(五星)과 년운(年運)에 대해 간략하게 살펴보고자 한다.

(1) 오성산(五星山)

오성(五星)이란 오행(五行)이다. 오행에 대해서는 앞장의 오행론에서 논한바 있지만 태극(太極)이 음양(陰陽)으로 나누어지고 음양이 오행(五行)을 낳고 오행이 만물을 낳는다. 오행(五行)의 정(精)은 하늘에 매이고 오성(五星)의 형(形)은 땅에 있어 오재(五材)가 되었다.

① 목성산(木星山) : 나무가 뻗어나간 것으로 곧고〔直〕 모지지 않고 순하다

② 화성산(火星山) : 날카롭고 불꽃〔火炎〕같고 정(靜)하지 않다.

③ 토성산(土星山) : 산세가 중후(重厚)하고 모지고 느리다. 높고 웅장하고 산면이 평평하여 반듯하다.

④ 금성산(金星山) : 머리가 둥글어 기울어지지 않고 가마 같고 종(鐘)과 같고 밝고 굳세고 강직하고 절개를 굽히지 않아 불변한다. 고관을 내고 수재를 배출한다.

⑤ 수성산(水星山) : 거품〔泡〕같고 구부러지고 세가 펼친 장막 같고 떠다니는 구름과 같다. 지혜롭고 조촐하고 도량(度量)이 있다.

(2) 오산연운(五山年運)

오산의 좌(座)는 홍법오행(洪範五行)으로 본다. 중국 서경(西經)에 있는 홍범(洪範)은 큰법(大法)이란 뜻이며 유가의 정치철학에 관한 것으로 홍범구주〔洪範九疇 : ① 오행(五行), ② 오사(五事), ③ 팔정(八政), ④ 오기(五氣), ⑤ 황극(皇極), ⑥ 삼덕(三德), ⑦ 계의(稽疑), ⑧ 서징(庶徵), ⑨ 오복(五福)〕중의 하나가 홍범오행이다. 홍범오행별 좌를 보면 다

음과 같다.

- 목(木) : 진(震)·간(艮)·사(巳) 좌(坐)
- 화(火) : 오(午)·임(壬)·병(丙)·을(乙) 좌(坐)
- 토(土) : 계(癸)·축(丑)·곤(坤)·경(庚)·미(未) 좌(坐)
- 금(金) : 태(兌)·정(丁)·건(乾)·해(亥) 좌(坐)
- 수(水) : 갑(甲)·인(寅)·진(辰)·손(巽)·술(戌)·자(子)·신(辛)·신(申) 좌(坐)로 되어 있어 산운(山運)만은 이 홍범오행(洪範五行)에 의한다.

오산의 좌별 연운(年運)을 보면 다음 표와 같다.

五山 坐(24방위) 年度	木山 震,艮,巳坐	火山 午,壬,丙,乙坐	金山 兌,丁,乾,亥坐	水,土山 甲,寅,辰,巽,戌,子,辛, 申癸,丑坤,庚未坐
甲己年	辛未土運	甲戌火運	乙丑金運	戊辰木運
乙庚年	癸未木運	丙戌土運	丁丑水運	庚辰金運
丙辛年	乙未金運	戊戌木運	己丑火運	壬辰水運
丁壬年	丁未水運	庚戌金運	辛丑土運	甲辰火運
戊癸年	己未火運	壬戌水運	癸丑木運	丙辰土運

오산연운표 (五山年運表)

예를 들어 진·사·간좌(辰·巳·艮坐) 목산(木山)의 산운은, 갑기년(甲己年)은 신미 토운(辛未土運)이고, 을경년(乙庚年)이면 계미 목운(癸未木運)이 되고, 병신년(丙辛年)은 을미 금운(乙未金運), 정임년(丁

壬年)은 정미 수운(丁未水運), 무계년(戊癸年)은 기미 화운(己未火運)이 된다.

만약 산운이 년월일시(年月日時), 사주(四柱), 납음(納晉)의 극(克)을 받으면 불리(不利)하나, 그 극하는 오행이 사주 중 월건(月建)이나 일주(日柱), 시주(時柱)의 극을 받으면 반대로 좋은 것이다. 즉, 금산(金山) 태·건·정·해 좌(兌·乾·丁·亥 坐)의 경우 갑진년(甲辰年)은 을축(乙丑) 금운(金運)이나 갑진년의 납음은 화(火)이므로 화극금(火克金)으로 불리하나 11월의 월건인 병자(丙子)는 납음이 수(水)이므로 수극화(水克火)하여 산운을 극하는 것을 제어하여 길하게 된다. 이때 일진(日辰)이나 시주(時柱) 납음이 수(水)일 때도 같다.

4. 곽박(郭璞)과 옥룡자(玉龍子) 장법

(1) 곽박장법

곽박(郭璞)은 중국 진(晋)나라때 사람으로 그의 저서인 장서(藏書)에서 산 위의 평탄한 곳은 깊게 파서 장사하고 평지(밭이나 들 가운데)나 물 가까이에는 얕게 쓴다. 산을 용으로 볼 때 용의 머리 부분에는 코·이마·뿔·눈·귀·입술이 있고 몸 부위에는 배·가슴·옆구리가 있고 꼬리가 있다. 이중 어느 부위가 길하고 흉할 것인가 이마와 코는 중정(中正)을 얻으니 좋고 뿔과 눈은 한편에 편재하니 멸망할 우려가 있어 쓸 수 없고 귀는 만곡(彎曲)으로 귀하기 때문에 후왕(侯王)을 이루어 좋으나, 입술은 얇게 노출되어 있기 때문에 병상(病傷)으로 죽을 상이며 배는 길고 중간에 부풀어 오른 곳(배꼽) 그 깊고 굽은 곳은 부자되고 귀하게 된다.

　가슴과 옆구리는 다치면 아침에 묘를 쓰고 저녁에 곡한다. 즉, 일족이 멸망할 상이니 조심해야한다. 그리고 독산(獨山) 동산(童山 : 초목이 살지 못하는 산) 과산(過山) 석산(石山) 단산(斷山)에는 장사하지 못한다고 하였다.

(2) 옥룡자 장법

　옥룡자(玉龍子)는 도선(道詵)이 말년에 옥룡사(玉龍寺)에 기거했다고 하여 도선을 옥룡자로 불리었을 것이라는 설이 있으나 확실한 것은 아니다. 옥룡자가 좌별 혈심(穴深)을 정하였는 데 참고로 적어 둔다.

壬坐:6,4尺	子坐:5,1尺	癸坐:5,1尺	丑坐:8,4尺
艮坐:7,5尺	寅坐:7,3尺	甲坐:9,2尺	卯坐:8,3尺
乙坐:8,7尺	辰坐:9,3尺	巽坐:9,3尺	巳坐:4,8尺
丙坐:7,1尺	午坐:6,5尺	未坐:8,9尺	坤坐:9,3尺
申坐:7,5尺	庚坐:8,1尺	辛坐:7,8尺	戌坐:5,5尺
乾坐:5,9尺	亥坐:4,5尺	※ 1尺 30,303cm	

5. 부장법(不葬法)

부장법이란 장사(葬事)하지 못하는 것을 말한다. 부장법에는 양균송 〔楊筠松 : 중국 당나라 희종 때 사람으로 『감룡경(撼龍經)』, 36용서 『의 룡경(疑龍經)』의 저자이다〕의 3부장(三不葬)과 중국 한나라(漢代) 때 청오(靑烏) 선생의 저서 『청오경(靑烏經)』의 8부장(八不葬)이 있다.

(1) 양균송(楊筠松)의 삼부장(三不葬)

① 용(龍)은 있어도 혈(穴)이 없는 곳에 장사(葬事)하지 못 한다.
② 혈(穴)은 있어도 덕(德)이 없는 곳에 장사하지 못 한다.
③ 덕(德)은 있어도 년, 월, 일(年,月,日)이 불길(不吉)하면 장사하지 못 한다.

(2) 청오경(靑烏經)의 팔부장(八不葬)

청오선생의 장경인 『청오경』에서 말한 8가지 장사할 수 없는 곳을 보면 다음과 같다.
① 거칠고 완만하고 추한 돌이 용신 및 혈(穴)에 있으면 불리하니 돌을 상(傷)하게 하시 날라.
② 고단하고 지친 용두(龍頭)에 장사하지 말라.
③ 사당앞이나 절 뒤 가까운 곳〔神前佛後〕에 장사하지 말라.

④ 파서 옮겨간 옛 무덤터나 옛 집터 같은 곳이나 장안의 번화했던 땅은 취해서 장사하지 말라.

⑤ 산세(山勢)와 언덕이 달아나고 어지럽고 가지가지가 무정한 곳을 취해서 안장하지 말라.

⑥ 바람소리가 울부짖는 것 같이 들리고 물이 급하게 흐르며 요란한 소리가 들려 바람과 물이 슬프게 우는 것 같은 곳이나 호수나 냇물 사이나, 아득한 평원에 바람과 물이 슬프게 우는 것 같은 곳은 흔히 전쟁터가 되는 곳이니 취해서 장사하지 말라.

⑦ 주산(主山)이 나직하고 연하면 기맥(氣脈)이 없어 사기(死氣)가 되는 것이니 취하여 장사하지 말라.

⑧ 청룡과 백호가 뾰족하여 싸우는 듯하고 양변에서 쏘고 찌르면 흉하니 이런 곳을 취하여 장사하지 말라.

6. 안장일(安葬日)

관혼상제(冠婚喪祭)나 이사(移徙), 개시(開市) 등 우리의 일상 생활에 있어 좋은 날을 찾아 행사를 치르는 것이 일반적인 상식이라 할 수 있다. 그 중에서도 가장 중요한 것의 하나가 안장일(安葬日)이라 할 수 있다. 택일(擇日)할 때에는 첫째 중상일(重喪日)·복일(復日)·중일(重日)은 피해야 하고, 둘째로 망자(亡者)의 생년(生年) 납음오행을 생(生)해주는 일진(日辰)을 찾아야 하고, 셋째로 월별 안장일과 조선 태종 18

년(1418년) 7.14일 안장일을 명문화하였는데, 십전대이일(十全大利日)과 차상길일(次上吉日)을 택해서 안장일을 정하는 것이 좋으며 황도일(黃道日)이면 더욱 좋다고 한다.

(1) 안장길일(安葬吉日)

『태종실록』(1418년. 7.14) 전제 36-8에 보면 안장 길일을 다음과 같이 정하고 있다.

① 십전대이일(十全大利日)

임신(壬申), 계유(癸酉), 임오(壬午), 갑신(甲申), 을유(乙酉), 병신(丙申), 정유(丁酉), 임인(壬寅), 병오(丙午), 기유(己酉), 경신(庚申), 신유(辛酉) 일

② 차길일(次吉日)

경오(庚午), 경인(庚寅), 임진(壬辰), 갑진(甲辰), 을사(乙巳), 갑인(甲寅), 병진(丙辰), 기미(己未)일

(2)중상일(重喪日)·복일(復日)·중일(重日)

중상일은 초상이 거듭난다는 뜻이고, 중·복일은 무슨 일이든지 거듭 일어난다는 뜻이므로 안장일을 정할 때 흉사(凶事)가 거듭나지 않도록 중상일, 중일, 복일만은 꼭 피해야 한다. 월별(月別) 중상일, 중일, 복일은 다음의 표와 같다.

월	1	2	3	4	5	6	7	8	9	10	11	12
重喪	甲	乙	己	丙	丁	己	庚	辛	己	壬	癸	己
復日	庚	辛	戊	壬	癸	戊	甲	乙	戊	丙	丁	戊
重日	巳亥	巳亥	巳亥	巳亥	巳亥	巳亥	巳亥	巳亥	巳亥	巳亥	巳亥	巳亥

월별 중상일, 복일, 중일표

(3)안장주당도(安葬周堂圖)

① 큰 달은 부(父)자에서 시작해서 → 남(男)자를 향해 초 1일부터 안장일까지 순행(順行)하고

② 적은 달은 모(母)자에서 시작해서 → 여(女)자를 향해 초 1일부터 안장일까지 역행(逆行)한다.

③ 사(死)자를 만나면 길하고 부(父), 모(母), 남(男), 여(女), 손(孫), 부(婦)자를 만나면 그에 해당하는 사람은 잠시 피한다.

客	父 →	男
婦		孫
母 →	女	死

7. 하관(下棺)

(1) 개혈

하관에 앞서 개혈(開穴)을 하는데 개혈 시(時)는 개혈 당일 장사지내면 제일 좋고 둘째 날은 그 다음 길하고 셋째 날은 또 그 다음이고 넷째 날은 지기를 모두 잃는다.

(2) 하관

하관(下棺)이란 매장하기 위해 관(棺)을 혈(穴)안에 내려 놓는 것을 말한다. 아무리 명혈(明穴)이라 하더라도 장일(葬日)과 하관시(下棺時)가 맞지 않으면 시신을 버리는 것과 같다고 하여 안장일(安葬日)과 함께 하관시를 아주 중요시 하고 있다.

하관시를 정할 때에는 망자의 생년납음오행(生年納音五行)과 하관시(下棺時)의 납음오행이 서로 상생해 주는 것이 좋다. 예를 들면 망자가 병자생(丙子生)인 경우 납음 오행이 수(水)인바, 오·미시(午·未時)는 갑오(甲午), 을미(乙未)시가 되어 납음오행이 금(金)이기 때문에 금생수(金生水)로 망자의 생년을 생해주므로 하관 길시라 한다.

그리고 망자(亡者)의 생년 납음오행이 시(時)를 직접 극(剋)힐 때에는 사용해도 무방하다고 한다. 위 보기에서 망자가 병자생(丙子生)인 경우 납음오행이 수(水)이기 때문에 오시(五時)나 미시(未時)는 금생수

(金生水)로 좋은 시이지만 신시(申時)나 유시(酉時)는 병신, 정유(丙申, 丁酉)로 납음오행이 화(火)이기 때문에 망자의 납음오행인 수(水)가 수극화(水剋化)하여 무방하다고 본다. 하관시가 망년의 생년 납음오행을 생해주고 황도시(黃道時)가 되면 더욱 좋다고 한다.

그러나 하관시는 작업 시간을 고려해야 하므로 일반적으로 진·사·오·미·신 (辰·巳·午·未·申)즉, 오전 9시부터 오후 5시 이전으로 잡아서 위 조건을 충족시키는 시를 잡아야 할 것이다.

8. 이장(移葬), 수묘(修墓), 개분(改墳)

(1) 이장(移葬)

명혈(明穴)에 조상의 산소를 쓰면 발복하드시 흉지(凶地)에서는 재화(災禍)가 따른다는 것이 모든 장서(葬書)의 주장이다. 이와 같이 조상의 묘지가 좋지 않다고 믿고 새로 길지(吉地)를 찾아 이장하게 되는데 집안의 원인 모를 흉사(凶事)가 빈번하거나, 명당이라고 굳게 믿고 조상의 묘소를 섰으나 수년이 지나도 소응(所應)이 없을 때 다른 풍수사를 보여 흉지(凶地)라고 할 때 이장을 하게되는 직접적인 동기가 된다. 조선시대 왕릉의 천장 기록을 보면 이장에 관해서는 왕가(王家)나 일반이 다같이 관습적으로 행한 것 같다. 이것은 또한 재화(災禍)를 행복으로 바꾸려는 방법의 하나이기도 하다.

(2) 이장운(移葬運)

이장을 할 때에는 이장하는 분묘의 좌(坐)에 따라 운이 좋은 해(年)를 가려서 시행해야 하고 이장을 주관하는 자의 생년과 세운(歲運)을 우선 살펴야 한다.

● 좌별(坐別) 대운(大運) 년표(年表)

① 임자(壬子), 계축(癸丑), 병오(丙午), 정미(丁未) 좌(坐)는 진·술·축·미(辰·戌·丑·未)년이 대길하고 자·오·묘·유(子, 午, 卯·酉)년은 보통이다.

② 간·인·갑·묘·곤·신·경·유좌(艮·寅·甲·卯·坤·申·庚·酉坐)는 자·오·묘·유(子·午·卯·酉)년이 대운으로 좋고 인·신·사·해(寅·申·巳·亥)년은 보통이다.

③ 을·진·손·사·신·술·건·해(乙·辰·巽·巳·辛·戌·乾·亥) 좌(坐)의 묘는 인·신·사·해(寅·申·巳·亥)년에 대운(大運)이오고 진·술·축·미(辰·戌·丑·未)년은 보통이다.

(3) 이장(移葬), 수묘(修墓), 개분(改墳)

① 길일(吉日)

경오(庚午), 신미(辛未), 임신(壬申), 계유(癸酉), 무인(戊寅), 기묘(己卯), 임오(壬午), 계미(癸未), 갑신(甲申), 을유(乙酉), 갑오(甲午), 을미(乙未), 병신(丙申), 정유(丁酉), 임인(壬寅), 계묘(癸卯), 병오(丙午), 정미(丁未), 무신(戊申), 기유(己酉), 경신(庚申), 신유(辛酉)일 중

에서 망자(亡者)의 생년 납음오행을 생해주는 날을 택하거나 이장 주관
자의 생년 납음오행을 생해주고 황도일(黃道日)이면 더욱 좋다고 본다.

② 천상천하 대공망일(天上天下 大空亡日)

이장할 때 망인(亡人)의 연령과 구묘(舊墓)의 좌향을 알 수 없거나 시
일이 급박할 때는 이 공망일을 사용하는 것이 좋다.

- 공망일 : 갑술(甲戌), 갑신(甲申), 갑오(甲午), 임진(壬辰), 임오
  (壬午), 임자(壬子), 을축(乙丑), 을해(乙亥), 을유(乙酉),
  계사(癸巳), 계미(癸未), 계묘(癸卯)

③ 대한(大寒) 후 5일, 입춘(立春) 전 2일

신구관신(新舊官神) 교체시기로 임의로 장사하거나 집을 지어도 좋
은 날이다.

④ 대한 후 10일, 입춘 전 5일

당일이 상일(上日)이고 전1일 과 후1일이 다음가는 길일이다.

⑤ 한식(寒食), 청명(淸明)

한식과 청명 양일은 모든 신이 상천(上天) 하는 날로 이장(移葬), 입
석(立石), 수묘(修墓), 개분(改墳)에 길하다.

⑥ 개분(改墳), 사초(莎草), 구묘수리(舊墓修理)에 좋은달

2월, 4월, 8월, 10월, 11월, 12월은 좋은 달이고 나머지 달은 흉하므
로 위와 같은 일을 시작해서는 아니 된다.

⑦ 구묘 이장시 개총(開塚) 금일(禁日) 및 기시(忌時)

구묘의 좌명	禁日 또는 忌日	忌時
辛, 戌, 乾, 亥坐	甲, 乙 日	申, 酉時
坤, 申, 庚, 酉坐	丙, 丁 日	丑, 午, 申, 戌時
辰, 戌, 酉坐	戊, 己 日	辰, 戌, 酉時
艮, 寅, 甲, 卯坐	庚, 辛 日	丑, 辰, 巳時
乙, 辰, 巽, 巳坐	壬, 癸 日	丑, 未時

⑧ 상주불복방(喪主不伏方)

장일(葬日)에 상주는 삼살방(三殺方), 겁살(劫殺)방, 재살방(災殺方), 세살방(歲殺方)을 각 피해야 한다. 삼살방은 장일에 따라 정해서 피하면 되고, 겁살과 재살, 세 살방은 년, 월로 취하여 피한다.

※ 삼살방(三殺方)

- 신, 자, 진일(申子辰日) : 정남방   ● 해, 묘, 미일(亥卯未日) : 정서방
- 인, 오, 술일(寅午戌日) : 정북방   ● 사, 유, 축일(巳酉丑日) : 정동방

⑨ 취토방(取土方)

하관 후 혈(穴) 안을 메울 때 길방(吉方)의 흙을 약간 넣는다. 즉, 광중 안을 채울 때 좋은 방위에 있는 흙을 취하는 것이 좋다. 년별 취토 길방은 다음과 같다.

- 자년(子年) : 서남쪽, ● 축년(丑年) : 서북쪽 ,
- 인년(寅年) : 북쪽, ● 묘년(卯年) : 남쪽,

- 진년(辰年) : 동 · 동남쪽,   ● 사년(巳年) : 남쪽,
- 오년(午年) : 서남쪽,   ● 미년(未年) : 서북쪽,
- 신년(申年) : 남쪽,   ● 유년(酉年) : 서남쪽,
- 술년(戌年) : 서쪽,   ● 해년(亥年) : 남쪽이 각각 길방으로
취토방이다.

(4) 이장법((移葬法)

구묘를 이장할 때는 먼저 구묘에 고유제를 지내야 한다. 이때 구묘 옆에 선영이 있으면 먼저 선영(先塋)에 고유하고 산신제도 지내야 한다. 이장할 곳이 정해져 신묘를 쓸 때는 먼저 산신제를 지내고 선영이 있으면 선영에 제를 지내야 한다. 성분 후에는 평토제를 지낸다.

구묘를 파묘하기 전에 고유제를 지낸 다음 주손이 봉분의 서쪽에서부터 남 · 동 · 북 방향으로 역행(逆行)으로 봉분 주위를 돌며 한번씩 봉분을 찍으며 "파묘"라고 세번씩 알린 다음 파묘(破墓)해야 한다.

유골은 머리를 먼저 들어내고 상체 각 부위를 표시하며 차례로 창호지 위에 옮겨 놓는다. 하체 부위도 골반과 다리, 발 순서로 좌우를 표시해서 옮겨 놓은 다음, 알콜이나 소주에 깨끗하게 씻은 후 칠성판 위에 차례로 옮겨 놓는다. 그리고 상체부터 베로 감아 이를 다시 흰 보자기로 싸서 관에 넣은 뒤 자리를 옮겨간다. 뼈가 오래되어 몇 조각만 남아 있을 때는 뼈만 체로 치거나 골라서 백지에 싸서 옮긴다.

파묘가 끝난 구덩이는 잘 메우고 나무 한 그루를 심어둔다.

(5) 합장(合葬)

합장이나 같은 묘역에 쌍분을 쓸 때는 남좌여우(男左女右)로 하는데 묘 앞에서 좌우를 구분해야 한다. 앞장에서 말한 바 있으나 간간히 혼동하는 경우가 있으므로 다시 한번 명확하게 해두고자 한다. 태극(太極)의 태자(太字)를 보면 태극의 씨앗을 가지고 있는 쪽이 양(陽)이므로 남자가 왼쪽에 오는 것이고 이 '太' 자를 보면 논난의 여지가 없이 분명해진다. 합장은 조강지처만 하고, 후처나 첩은 합장을 피하고 따로 써야 한다.

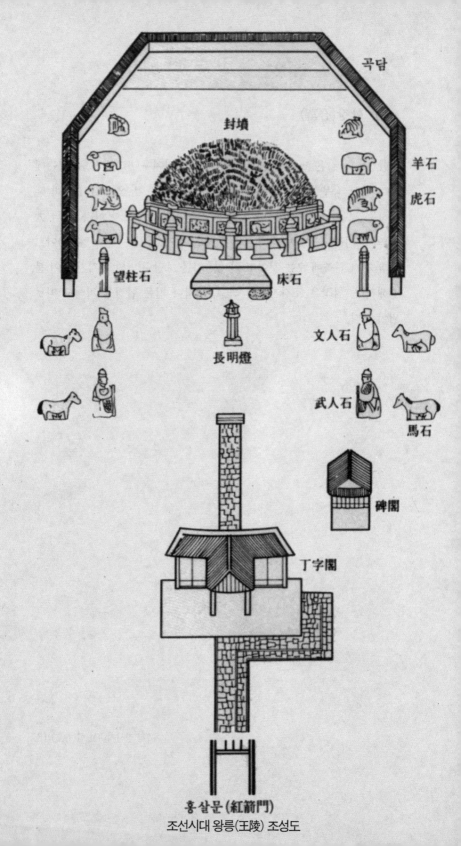

곡담

封墳

羊石

虎石

望柱石　　　床石

長明燈

文人石

武人石

馬石

碑閣

丁字閣

홍살문(紅箭門)

조선시대 왕릉(王陵) 조성도

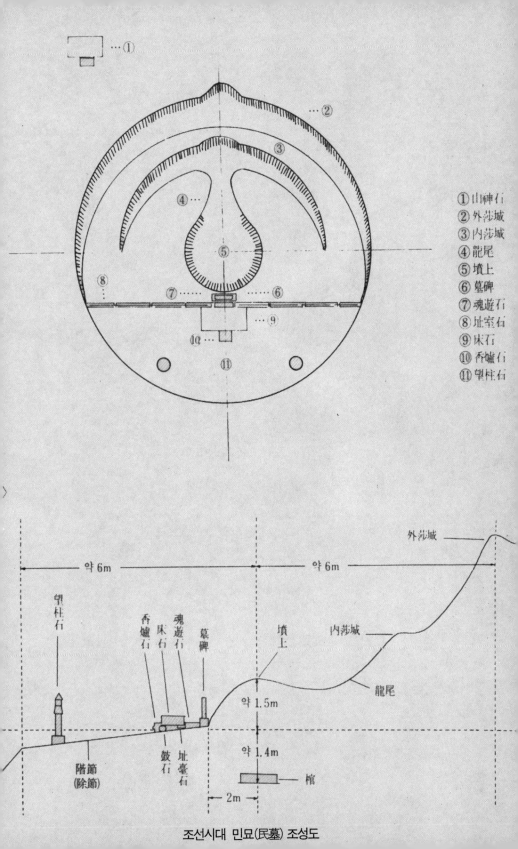

...①

...②

③

④...

⑤

⑦.......⑥

⑧

⑨

⑩

⑪

① 山神石
② 外莎城
③ 內莎城
④ 龍尾
⑤ 墳上
⑥ 墓碑
⑦ 魂遊石
⑧ 址室石
⑨ 床石
⑩ 香爐石
⑪ 望柱石

外莎城

약 6m   약 6m

望柱石

香爐石
床石
魂遊石
墓碑

墳上

內莎城

龍尾

약 1.5m

약 1.4m

階節
(除節)

趺石

址臺石

棺

2m

조선시대 민묘(民墓) 조성도

제 8 장

택일(擇日)하는 법

1. 택일(擇日)이란 무엇인가

우리가 일상 생활을 하면서 좋은 날을 가리고 좋은 시(時)를 택하여 결혼식도 올리고, 이사도 하며, 장사도 지내고, 이장도 한다.

우리는 옛부터 살 집을 지을 때 땅을 파 기초를 하고, 상량(上樑)을 하고, 지붕을 덮고〔盖屋〕, 집을 수리하고, 증축을 할 때 모두 날을 받아 행하였다. 집안에 화장실을 새로 짓거나 수리할 때, 외양간을 짓거나 고치는 날 등과 식구들이 일년 내내 먹을 장을 담그는 날, 파종을 하고, 나무를 심고, 우물을 파거나〔穿井〕 수리하는 날, 지당을 파거나 메우거나 할 때도 모두 날을 받아서 행하였다. 심지어는 약을 다리고 먹는 날〔服藥〕, 옷을 재단하는 날〔裁衣〕, 먼길을 떠나거나 배를 띄우는 날〔行船日〕, 무역 거래, 매매 약정, 계약의 체결 등 대소간에 중요한 일은 반드시 좋은 날을 택일하여 시행하였다.

또 백기일(百忌日)이라 하여 천간(天干)과 지지(地支)에 따라 각각 피하는 날이 따로 있다. 어떠한 택일을 불문하고 가장 중요한 것은 남여본명(男女本命)의 생기법(生氣法)이다.

무엇보다도 생기법의 길일(吉日)을 먼저 가린 뒤 택일하고자 하는 부분의 길일을 찾아야 한다. 이 때에도 사주본명일(四柱本命日)과 백기일 등 사안에 따라 피해야 하는 날이 따로 있다.

2. 남여생기법(男女生氣法)

다음은 남여별, 나이별, 일진별로 생기를 붙이는 데 기본이 되는 것이므로 반드시 알아 두어야 한다.

① 일상생기(一上生氣), 이중천의(二中天宜), 삼하절체(三下絶體),
   사중유혼(四中遊魂), 오상화해(五上禍害), 육중복덕(六中福德),
   칠하절명(七下絶命), 팔중귀혼(八中歸魂)

② 자일(子日) 감중연(坎中連), 축·인일(丑寅日) 간상연(艮上連),
   묘일(卯日) 진하련(震下連), 진·사일(辰巳日) 손하절(巽下絶),
   오일(午日) 이허중(離虛中), 미·신일(未申日) 곤삼절(坤三絶),
   유일(酉日) 태상절(兌上絶), 술·해일(戌亥日) 건삼연(乾三連),

팔괘배치도

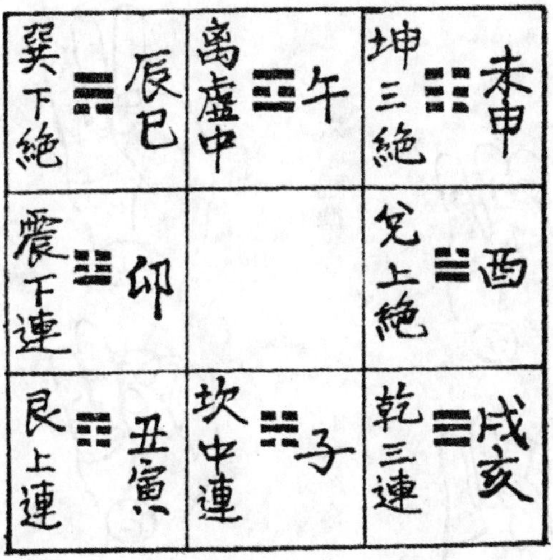

巽下絶 辰巳	離虛中 午	坤三絶 未申
震下連 卯		兌上絶 酉
艮上連 丑寅	坎中連 子	乾三連 戌亥

❸ 생기 붙이는 법

● 일상생기(一上生氣) : 모지(母指)에 식지(食指)를 다음의 그림 1
과 같이 붙인다.

● 이중천의(二中天宜) : 모지(母指)에 식지와 중지(中指)를 다음의
그림 2와 같이 붙인다.

● 삼하절체(三下絶體) : 그림 2에 무명지(無名指)까지 그림 3과 같
이 함께 붙인다.

● 사중유혼(四中遊魂) : 그림 3에서 중지를 떼어 그림 4와 같이 한다.

● 오상화해(五上禍害) : 그림 4에서 식지를 떼어 그림 5와 같이 한다.

● 육중복덕(六中福德) : 그림 5에서 중지를 구부려 그림 6과 같이 한다.

● 칠하절명(七下絶命) : 그림 6에서 무명지를 떼어 그림 7과 같이 한다.

● 팔중귀혼(八中歸魂) : 그림 7에서 중지를 떼어 그림 8과 같이 한다.

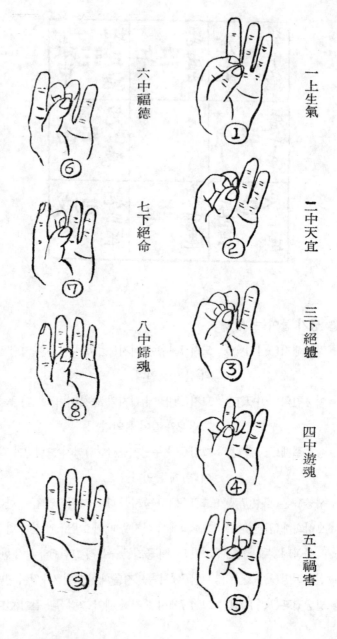

一上生氣

二中天宜

三下絶體

四中遊魂

五上禍害

六中福德

七下絶命

八中歸魂

④ 연령붙이는 법

남자 1세 ~ 10세   10세 이상

七 巽	一 八 離	九 坤
六 震		二 十 兌
九 艮	四 坎	三 乾

四 巽 +	八 +離+	坤
三 九 震		十 五 兌 +
二 艮 +	六 +坎+	乾

여자 1세 ~ 10세   10세 이상

六 巽	五 離	四 坤
七 震		十 三 兌
艮	八 一 坎	九 二 乾

巽	六 二 +離+	坤
七 三 +震+		五 十 +兌
艮	八 四 +坎+	乾

● 남자 1세를 離宮에서 시작하여 오른쪽으로 순행하되

　　　坤宮을 지나(10세 이상은 지나지 않음)

　　　兌宮에서 2세,

　　　乾宮에서 3세,

　　　坎宮에서 4세로 순행하고 10세이상은 坤宮을 포함해서

　　　연령에 따라 순행한다.

●여자 1세는 坎宮에서 시작해서 역행하여

　　　乾宮에서 2세,

　　　兌宮에서 3세,

　　　坤宮에서 4세,

　　　離宮에서 5세,

　　　巽宮에서 6세,

　　　震宮에서 7세,

　　　艮宮을 그냥 지나(10세이상은 넘지 않음)

　　　坎宮이 8세,

　　　乾宮이 9세,

　　　兌宮이 10세이다.

　　　10세 이상은 역행하여 연령에 따라 붙여 나가면 된다.

▣ 생기복덕조견표(生氣福德早見表) 보는 법

● 결혼일 등은 여자, 이사운 등은 남자 위주로 본다.

● 생기(生氣), 천의(天宜), 복덕(福德)은 아주 좋으며 (吉),

● 절체(絶體), 유혼(遊魂), 절명(絶命)은 보통이며 (平),

● 화해(禍害), 귀혼(歸魂)은 흉이다.(凶)

남여별 나이	生氣	天宜	絶體	遊魂	禍害	福德	絶命	歸魂
남 2 10 18 26 34 42 50 58 66 74 82	戌	午	丑	辰	子	未	卯	酉
여 10 18 26 34 42 50 58 66 74 82 90	亥	午	寅	巳	子	申	卯	酉
남 3 11 19 27 35 43 51 59 67 75 83	酉	卯	未	子	辰	丑	午	戌
여 9 17 25 33 41 49 57 65 73 81 89	酉	卯	申	子	巳	寅	午	亥
남 4 12 20 28 36 44 52 60 68 76 84	辰	丑	午	戌	酉	卯	未	子
여 8 16 24 32 40 48 56 64 72 80 88	巳	寅	午	亥	酉	卯	申	子
남 5 13 21 29 37 45 53 61 69 77 85	未	子	酉	卯	午	戌	辰	丑
여 15 23 31 39 47 55 63 71 79 87	申	子	酉	卯	午	亥	巳	寅
남 6 14 22 30 38 46 54 62 70 78 86	午	戌	辰	丑	未	子	酉	卯
여 7 14 22 30 38 46 54 62 70 78 86	午	亥	巳	寅	申	子	酉	卯
남 7 15 23 31 39 47 55 63 71 79 87	子	未	卯	酉	戌	午	丑	辰
여 6 13 21 29 37 45 53 61 69 77 85	子	申	卯	酉	亥	午	寅	巳
남 8 16 24 32 40 48 56 64 72 80 88	卯	酉	子	未	丑	辰	戌	午
여 5 12 20 28 36 44 52 60 68 76 84	卯	酉	子	申	寅	巳	亥	午
남 9 17 25 33 41 49 57 65 73 81 89	丑	辰	戌	午	卯	酉	子	未
여 4 11 19 27 35 43 51 59 67 75 83	寅	巳	亥	午	卯	酉	子	申

3. 길신(吉神)과 흉신(凶神)

(1) 천상천하 대공망일(天上天下大空亡日)

알진(日辰)이 다음과 같은 날은

甲戌, 甲申, 甲午, 乙丑, 乙亥, 乙酉, 壬辰, 壬寅, 壬子, 癸未, 癸巳,
癸卯

- 파옥(破屋), 동토(動土)에 좋고,
- 매매(賣買), 제사일(祭祀日)로는 피해야 한다.

(2) 천은 상길일(天恩上吉日)

甲子, 乙丑, 丙寅, 丁卯, 戊辰, 己卯, 庚辰, 辛巳, 壬午, 癸未, 己酉,
庚戌, 辛亥, 壬子, 癸丑

- 집을 수리하거나(修作)
- 결혼일 등에 특히 좋다.

(3) 천사 상길일(天赦上吉日)

봄 : 戊寅, 여름 : 甲午, 가을 : 戊申, 겨울 : 甲子

- 모든 일에 길함

(4) 모창 상길일(母倉上吉日)

봄 : 亥子日, 여름 : 寅卯日, 가을 : 辰戌丑未日, 겨울 : 申酉日
토왕(土旺) 후 巳午日

- 백사대길(百事大吉)하며 특히 이사, 결혼, 건옥(建屋), 수가(修家), 출행(出行), 취임(就任) 등에 좋다.

(5) 천농 지아일(天聾地啞日)

천농일(天聾日) : 丙寅, 戊辰, 丙子, 丙申, 庚子, 壬子, 丙辰
지아일(地啞日) : 乙丑, 丁卯, 乙卯, 辛巳, 乙未, 己亥, 辛丑
　　　　　　　辛亥, 癸丑, 辛酉

- 집이나 화장실을 짓거나 수리할 때 좋은 날이다.

(6) 대명 상길일(大明上吉日)

辛未, 壬申, 癸酉, 丁丑, 己卯, 壬午, 甲申, 丁亥, 壬辰, 乙未, 壬寅,
甲辰, 乙巳, 丙午, 己酉, 庚戌, 辛亥

- 모든 일에 다 좋은 날이다. 특히 매장(埋葬), 수작(修作, 새로 짓거나 수리, 제작하는 일)에 좋다.

(7) 오공일(五空日)

戊戌日, 午時 : 제신(諸神) 상천(上天)

己亥, 庚子, 辛丑日 : 태세(太歲)및 제신(諸神) 상천(上天)
● 백사대길(百事大吉)로 모든 일에 다 좋은 날이다.

(8) 천지개공일(天地皆空日)

戊戌, 己亥, 庚子, 庚申
● 제사대길(諸事大吉)

(9) 사시흉신일(四時凶神日, 四廢日)

봄 : 庚申, 辛酉日, 여름 : 壬子, 癸丑日,
가을 : 甲寅, 乙卯日, 겨울 : 丙午, 丁未日
● 제반백사(諸般百事)에 흉(凶)함.

(10) 사리(四離), 사절(四絶)

사리(四離) : 춘분전 1일, 하지전 1일, 추분전 1일, 동지전 1일
사절(四絶) : 입춘전 1일, 입하전 1일, 입추전 1일, 입동전 1일
● 백사(百事)에 흉(凶)함

(11) 고초일(枯焦日)

1월 辰日, 2월 丑日, 3월 戌日, 4월 未日, 5월 卯日, 6월 子日,
7월 酉日, 8월 午日, 9월 午日, 10월 亥日, 11월 申日, 12월 巳日,

● 기도하고, 씨앗 뿌리고, 나무 심는일은 하지 못한다.

(12) 십악대패일(十惡大敗日)

甲 · 己年 : 3월 戊戌日, 7월 癸亥日, 10월 丙申日, 11월 丁亥日.

乙 · 庚年 : 4월 壬申日, 9월 乙巳日.

丙 · 辛年 : 3월 辛巳日, 9월 庚辰日.

丁 · 壬年 : 피하는 날 없음

戊 · 亥年 : 6월 丑日

● 백사(百事)에 불길한 날임

(13) 복단일(伏斷日)

子日허숙(虛宿), 丑日두숙(斗宿), 寅日실숙(室宿), 卯日여숙(女宿),

辰日기숙(箕宿), 巳日방숙(房宿), 午日각숙(角宿), 未日장숙(張宿),

申日귀숙(鬼宿), 酉日자숙(觜宿), 戌日위숙(胃宿), 亥日벽숙(壁宿),

● 복단일(伏斷日)에는 혼인, 기도, 승선, 이사 등에 불길한 날임

(※ 허숙(虛宿), 두숙(斗宿) 등은 민력(民曆)에 있으니 참고 바람)

(14) 칠살일(七殺日)

각(角), 항(亢), 규(奎), 루(婁), 귀(鬼), 우(牛)일

● 칠살일에 혼인, 수작을 하면 재앙이 빈번하고 승선시 조난과 출정시 병사를 잃게 된다.

(15) 천하멸망일(天下滅亡日)

1 · 5 · 9월 丑日, 2 · 6 · 10월 辰日, 3 · 7 · 11월 未日,
4 · 8 · 12월 戌日,

(16) 태허일(太虛日)

봄 : 戌 · 亥 · 子日, 여름 : 丑 · 寅 · 卯日, 가을 : 辰 · 巳 · 午日,
겨울 : 未 · 申 · 酉日,

(17) 천적일(天賊日)

1 · 4 · 7 · 10월 만자(滿字), 2 · 5 · 8 · 11월 파자(破字),
3 · 6 · 9 · 12월 개자(開字),
● 특히 출행, 이사, 행선, 개시, 교역 등에 크게 나쁘다.
(※ 이 날은 민력을 보고 피하는 것이 좋다)

(18) 백기일(百忌日)

천간(天干)과 지지(地支)에 따라 각기 피하는 날을 백기일이라 한다.
● 甲日 : 창고를 열어 물건을 출납하지 않는다.
● 乙日 : 씨앗을 뿌리거나 나무를 심지 않는다.
● 丙日 : 조왕(부뚜막)을 만들거나 수리하지 않는다.
● 丁日 : 머리를 깎거나 감거나 빗질하지 않는다.

- 戊日: 토지나 전답을 인수하지 않는다.
- 己日: 문서 또는 책자를 없애거나 불사르지 않는다.
- 庚日: 급소에 침을 놓지 않는다.
- 辛日: 간장, 된장, 고추장 등 염장을 담그지 않는다.
- 壬日: 물길을 돌리거나 막지 않는다.
- 癸日: 소장을 내거나 시비를 가리지 않는다.
- 子日: 점을 치지 않는다.
- 丑日: 관례복(冠禮服)을 입지 않는다.
- 寅日: 제사나 기도를 드리지 않는다.
- 卯日: 우물이나 구덩이를 파지 않는다.
- 辰日: 곡성(哭聲)을 내지 않는다.
- 巳日: 먼길을 떠나지 않는다.
- 午日: 지붕을 덮지 않는다.
- 未日: 약을 복용하지 않는다.
- 申日: 평상을 만들거나 설치하지 않는다.
- 酉日: 손님을 맞이 하지 않는다.
- 戌日: 개를 사거나 얻어서 집안에 들이지 않는다.
- 亥日: 약혼식 또는 결혼식을 하지 않는다.

4. 혼인 택일(婚姻擇日)

(1) 혼택년(婚擇年)

① 남여별 결혼 흉년(凶年)

다음 표와 같이 남여별 생년(生年)으로 보고 혼택년을 정하면 불리한 해이다. 가령 남자 子년 생(生)은 未년에 결혼하면 좋지 않고 여자 丑년 생은 寅년에 결혼하면 흉하다.

生年 區分	子	丑	寅	卯	辰	巳	午	未	申	酉	戌	亥
男婚凶年	未	申	酉	戌	亥	子	丑	寅	卯	辰	巳	午
女婚凶年	卯	寅	丑	子	亥	戌	酉	申	未	午	巳	辰

② 합혼개폐법(合婚開閉法)

여자의 나이로 결혼운을 보는 것으로 대개년(大開年)에 나이가 닿으면 대길하고, 반개년(半開年)은 보통이나 부부 불화하고, 폐개년(閉開年)은 흉하고 부부 상별(相別)한다.

(女) 子午卯酉年生	大開	14, 17, 20, 23, 26, 29, 32,
	半開	15, 18, 21, 24, 27, 30, 33,
	閉開	16, 19, 22, 25, 28, 31, 34,

(女) 寅申巳亥年生	大開	13, 16, 19, 22, 25, 28, 31, 34,
	半開	14, 17, 20, 23, 26, 29, 32, 35,
	閉開	12, 15, 18, 21, 24, 27, 30, 33,
(女) 辰戌丑未年生	大開	12, 15, 18, 21, 24, 27, 30, 33,
	半開	13, 16, 19, 22, 25, 28, 31, 34,
	閉開	14, 17, 20, 23, 26, 29, 32, 35,

(2) 혼택월(月) 또는 가취월(家聚月)

① 가취월

여자의 생년(生年)을 기준으로 혼택월을 정하되, 대이월(大利月)을 택해야 대길하다. 방매씨월(妨媒氏月) 일명 소이월(小利月)은 무방하며 방옹고월(妨翁姑月)은 시부모가 질병으로 고생하기 때문에 시부모가 없으면 괜찮고, 방여부모월(妨女父母月)은 친정 부모가 질병으로 고생하므로 친정 부모가 없으면 괜찮다.

방부주월(妨夫主月)은 신랑에 만사불리하고 방여신월(妨女身月)은 신부 자신이 결혼생활의 불안 등으로 해로운 달이다. 가취월 길흉을 이해하기 쉽게 표로 정리하면 다음과 같다.

여자생년	子午生	丑未生	寅申生	卯酉生	辰戌生	巳亥生	吉凶
大利月	6,12	5,11	2,8	1,7	4,10	3,9	大吉
妨媒氏	1.7	4.10	3,9	6,12	5,11	2,8	平吉,무관

여자생년	子午生	丑未生	寅申生	卯酉生	辰戌生	巳亥生	吉凶
妨翁姑	2,8	3,9	4,10	5,11	6,12	1,7	시부모없어야 무방
妨女父母	3,9	2,8	5,11	4,10	1,7	6,12	여자의 부모없어야
妨父主	4,10	1,7	6,12	3,9	2,8	5,11	산랑에 유해 불가
妨女身	5,11	6,12	1,7	2,8	3,9	4,10	신부에 유해불가

② 살부대기월(殺夫大忌月)

여자가 살부대기월에 결혼하면 상부(喪夫)하기 쉬우니 가취월의 길월을 가린 뒤 살부대기월을 피해야 한다.

女子生年	子	丑	寅	卯	辰	巳	午	未	申	酉	戌	亥
大忌月	1,2	4	7	12	4	5	8,12	6,7	6,7	8	12	7,8

(3) 혼택일(婚擇日)

① 음양부장길일(陰陽不將吉日)

혼인에 가장 좋은 일진(日辰)으로 월별로 보면 다음과 같다.

區分	음양부장길일(陰陽不將吉日)
1월	丁卯, 辛卯, 丙寅, 庚寅, 戊寅, 辛丑, 己卯, 己丑, 丁丑
2월	丙子,丙戌,庚子,庚戌,庚寅,戊寅,丁丑,己丑,戊子,戊戌,丙寅,乙丑

區分	음양부장길일(陰陽不將吉日)
3월	丁酉, 乙酉, 丙子, 戊戌, 己酉, 戊子, 甲子, 甲戌, 丙戌
4월	甲子, 丙子, 戊子, 甲申, 丙申, 戊申, 甲戌, 丙戌, 戊戌
5월	甲申, 丙申, 戊申, 乙未, 癸未, 乙酉, 癸酉, 甲戌, 丙戌, 戊戌
6월	甲申, 壬申, 甲戌, 壬戌, 癸未, 乙未
7월	乙巳, 癸巳, 乙未, 癸未, 甲申, 壬申, 乙酉, 癸酉
8월	甲辰, 壬辰, 甲午, 壬午, 甲申, 壬申
9월	癸卯, 辛卯, 庚辰, 壬辰, 癸巳, 辛巳, 庚午, 壬午, 辛未, 癸未
10월	壬寅, 庚寅, 癸卯, 辛卯, 壬辰, 庚辰, 辛巳, 癸巳, 庚午, 壬午
11월	辛丑, 丁丑, 己丑, 丁卯, 壬辰, 庚辰, 庚寅, 己巳, 壬寅
12월	庚寅, 丙寅, 辛卯, 戊子, 戊寅, 庚子, 丙子, 庚辰, 丙辰, 戊辰

❷ 오합일(五合日)

오합일이 앞의 음양부장길일과 합하면 다른 길신은 일체 불문하고 최대 길일이다.

甲寅·乙卯 日月合, 丙寅·丁卯 陰陽合, 戊寅·己卯 人民合

庚寅·辛卯 金石合, 壬寅·癸卯 江河合

❸ 통용길일(通用吉日)

일명 십전대길일이라고도 하며 음양부장길일이 생기복덕이나 그 밖의 사정에 의하여 사용할 수 없을 때에는 이 날을 사용함이 좋다.

● 전길일(全吉日) : 乙丑, 丁卯, 丙子, 丁丑, 辛卯, 癸卯, 乙巳, 壬子,

癸丑, 己丑

● 차길일(次吉日) : 癸巳, 壬午, 乙未, 丙辰, 辛酉, 庚酉

④ 사계길일(四季吉日)

봄 : 丙子, 丁丑, 壬午, 壬子, 癸丑, 乙丑, 乙未

여름 : 癸巳, 癸卯, 乙巳, 乙丑, 己丑, 乙未, 丁卯, 乙卯

가을 : 丙子, 丁丑, 壬午, 壬子, 癸丑, 癸巳, 癸卯, 乙巳, 辛卯

겨울 : 乙巳, 辛卯, 丁卯, 乙卯

⑤ 황·흑도일(黃黑道日)

황도일은 혼인뿐만 아니라 매사에 좋은 날이고, 흑도일은 흉하다. 혼인 시간이나 상량 시간, 입택 시간 등은 황도시로 하는 것이 좋다. 월로 일진(日辰)을 보고 일로 시(時)를 본다.

예를 들면 寅·申月이면 子日이 청룡황도일로 길일이며, 午日은 백호흑도이다. 일진이 寅日 또는 申日이면 子時가 청룡황도시이고 午時가 백호흑도시이다.

황도흑도일시표

黃黑道　　　月日時	寅申	卯酉	辰戌	巳亥	子午	丑未
青龍黃道	子	寅	辰	午	申	戌
白虎黑道	午	申	戌	子	寅	辰
明堂黃道	丑	卯	巳	未	酉	亥

月日時 \ 黃黑道	寅申	卯酉	辰戌	巳亥	子午	丑未
玉堂黃道	未	酉	亥	丑	卯	巳
天刑黑道	寅	辰	午	申	戌	子
天牢黑道	申	戌	子	寅	辰	午
朱雀黑道	卯	巳	未	酉	亥	丑
玄武黑道	酉	亥	丑	卯	巳	未
金櫃黃道	辰	午	申	戌	子	寅
司命黃道	戌	子	寅	辰	午	申
天德黃道	巳	未	酉	亥	丑	卯
句陳黑道	亥	丑	卯	巳	未	酉

❻ 혼인총기일(婚姻總忌日)

혼인총기일은 혼인 택일시 피해야 할 일진이다.

- 1월 1일, 4월 8일, 5월 5일, 8월 15일,
- 신랑신부의 본명일(本命日), 예를 들면 己未년생의 경우 己未일
- 화해(禍害), 절명(絶命)일
- 월살(月殺), 고진살(孤嗔殺), 과숙살(寡宿殺)일
- 칠원복단일(七元伏斷日)
- 백호대살일(白虎大殺日)
- 24 절기일

● 부모결혼일

● 亥日(百忌日의 不嫁聚日)

● 四柱의 刑, 沖, 破, 害日

● 受死日, 披麻日.

구분	1월	2월	3월	4월	5월	6월	7월	8월	9월	10월	11월	12월
受死日	戌	辰	亥	巳	子	午	丑	未	寅	申	卯	酉
披麻日	子	酉	午	卯	子	酉	午	卯	子	酉	午	卯

5. 이사(移徙) 택일

(1) 이사하는 데 좋은 날

이사할 때에는 남여간, 생기, 복덕, 천의일을 택하여야 한다.

● 甲子, 乙丑, 丙寅, 庚午, 乙酉, 庚寅, 壬辰, 癸巳, 壬寅, 癸卯, 丙午, 庚戌, 乙卯, 丙辰, 丁巳, 己未, 庚申.

단, 백호 대살일과 丁丑, 乙未, 癸丑일은 상식적으로 이사하지 않는다.

● **월은(月恩), 역마(驛馬), 사상(四相), 황도(黃道)일**

　• 월은일(月恩日) : 1월 : 丙日, 2월 : 丁日, 3월 : 庚日, 4월 : 己日,

　　　　　　　　　5월 : 戊日, 6월 : 辛日, 7월 : 壬日, 8월 : 癸日,

　　　　　　　　　9월 : 庚日, 10월 : 乙日, 11월 : 甲日, 12월 : 辛日,

- 사상일(四相日) : 봄 : 丙·丁日, 여름 : 戊·己日,

　　　　　　　　　가을 : 壬·癸日, 겨울 : 甲·乙日,

(2) 이사하는 데 피하는 날(忌日)

- 화해(禍害), 절명(絶命), 천적(天賊), 수사(受死), 사일(巳日),
- 破, 平, 收, 建日 (※ 민력 참조)

6. 이사 방위(方位)

(1) 이사방위 길흉 구분(이사방위 조견표 참조)

- 천록(天祿) : 재물과 관록을 얻는다.
- 안손(眼損) : 손재와 안질(眼疾)이 있다.
- 식신(食神) : 손쉽게 부자가 된다.
- 증파(甑破) : 실물과 손재로 의식이 부족해 가난해진다.
- 오귀(五鬼) : 질병이 따르고 집안이 불안하다.
- 합식(合食) : 의식이 넉넉해진다.
- 진귀(進鬼) : 재앙과 질병이 그치지 아니 한다.
- 관인(官印) : 관록(官祿)을 얻는다.
- 퇴식(退食) : 가산이 줄어들고 가난해 진다.

성별	남	여	남	여	남	여	남	여	남	여	남	여	남	여	남	여	남	여
나이	1	2	2	3	3	4	4	5	5	6	6	7	7	8	8	9	9	10
	9	10	10	11	11	12	12	13	13	14	14	15	15	16	16	17	17	18
	18	19	19	20	20	21	21	22	22	23	23	24	24	25	25	26	26	27
	27	28	28	29	29	30	30	31	31	32	32	33	33	34	34	35	35	36
	36	37	37	38	38	39	39	40	40	41	41	42	42	43	43	44	44	45
	45	46	46	47	47	48	48	49	49	50	50	51	51	52	52	53	53	54
	54	55	55	56	56	57	57	58	58	59	59	60	60	61	61	62	62	63
	63	64	64	65	65	66	66	67	67	68	68	69	69	70	70	71	71	72
	72	73	73	74	74	75	75	76	76	77	77	78	78	79	79	80	80	81
방위	81	82	82	83	83	84	84	85	85	86	86	87	87	88	88	89	89	90
동남	天祿		眼損		食神		甑破		五鬼		合食		進鬼		官印		退食	
서북	食神		甑破		五鬼		合食		進鬼		官印		退食		天祿		眼損	
정서	甑破		五鬼		合食		進鬼		官印		退食		天祿		眼損		食神	
동북	五鬼		合食		進鬼		官印		退食		天祿		眼損		食神		甑破	
정남	合食		進鬼		官印		退食		天祿		眼損		食神		甑破		五鬼	
정북	進鬼		官印		退食		天祿		眼損		食神		甑破		五鬼		合食	
서남	官印		退食		天祿		眼損		食神		甑破		五鬼		合食		進鬼	
정동	退食		天祿		眼損		食神		甑破		五鬼		合食		進鬼		官印	
중앙	眼損		食神		甑破		五鬼		合食		進鬼		官印		退食		天祿	

7. 제사(祭祀), 기복(祈福), 상량(上樑), 개장(開場) 길일

(1) 제사

- 길일(吉日) : 甲子, 乙丑, 丁卯, 戊辰, 辛未, 壬申, 癸酉, 甲戌,
  丁丑, 己卯, 庚辰, 壬午, 甲申, 乙酉, 丙戌, 丁亥,
  己丑, 辛卯, 甲午, 乙未, 丙申, 丁酉, 乙巳, 丙午,
  丁未, 戊申, 己酉, 庚戌, 乙卯, 丙辰, 丁巳, 戊午,
  己未, 辛酉, 癸亥

- 기일(忌日) : 寅日, 五合日, 天狗日(民曆 12神殺中 開日과 같음)

(2) 기복(祈福)

- 길일(吉日) : 壬申, 乙亥, 丙子, 丁丑, 壬午, 癸未, 丁亥, 己丑,
  辛卯, 壬辰, 甲午, 乙未, 丁酉, 壬子, 甲辰, 戊申,
  乙卯, 丙辰, 戊午, 壬戌, 癸亥, 生氣, 福德, 天宜,
  黃道, 天, 月德日

- 기일(忌日) : 寅日, 禍害, 絶命, 天賊, 受死, 伏斷, 建, 破, 平, 收日

  ※ 천적일(天賊日)
  1월:辰日, 2월:酉日, 3월:寅日, 4월:未日, 5월:子日, 6월:巳日,
  7월:戌日, 8월:卯日, 9월:申日, 10월:丑日, 11월:午日, 12월:亥日

(3) 불공(佛供)

- 길일(吉日) : 甲子, 甲戌, 甲午, 甲寅, 乙丑, 乙酉, 丙寅, 丙申, 丙辰, 丁未, 戊寅, 戊子, 己丑, 庚午, 辛卯, 辛酉, 癸卯, 癸丑.

- 기일(忌日) : 丙午, 壬辰, 乙亥, 丁卯, 乙卯.

(4) 산제(山祭)

- 길일(吉日) : 甲子, 乙酉, 乙亥, 乙卯, 丙子, 丙戌, 庚戌, 辛卯, 壬申, 甲申.

- 산신하강일(山神下絳日) : 甲子, 甲戌, 甲午, 甲寅, 乙丑, 乙亥, 乙未, 乙卯, 丁卯, 丁亥, 戊辰, 己巳, 己酉, 庚辰, 庚戌, 辛卯, 辛亥, 壬寅, 癸卯.

- 기일(忌日) : 山鳴日, 山隔日, (嫁凶神 참조)

(5) 상량(上樑)

- 길일(吉日) : 甲子, 乙丑, 丁卯, 戊辰, 己巳, 庚午, 辛未, 壬申, 甲戌, 丙子, 戊寅, 庚辰, 壬午, 甲申, 丙戌, 戊子, 庚寅, 甲午, 丙申, 丁酉, 戊戌, 己亥, 庚子, 辛丑, 壬寅, 癸卯, 乙巳, 丁未, 己酉, 辛亥, 癸丑, 乙卯, 丁巳, 己未, 辛酉, 癸亥, 天月德, 黃道日, 成開日

(6) 점포 등 개장(開場)

- 길일(吉日) : 甲子, 乙丑, 丙寅, 己巳, 庚午, 辛未, 甲戌, 乙亥, 丙子, 己卯, 壬午, 癸未, 甲申, 庚寅, 辛卯, 乙未, 己亥, 庚子, 癸卯, 丙午, 壬子, 甲寅, 乙卯, 己未, 庚申, 辛酉.

8. 일진별 행사 길일

(1) **甲子日** : 출행, 이사, 제사, 불공, 산제, 건축, 정초(定礎), 상량,
개옥(盖屋), 장사, 재봉, 동토
(※ 기(忌) : 창고를 여는 일)

(2) **乙丑日** : 사주, 납채, 출행, 이사, 제사, 불공, 건축, 정초(定礎),
상량, 재의(裁衣)
(※ 기(忌) : 식목, 파종)

(3) **丙寅日** : 출행, 이사, 불공, 기조(起造), 건축, 정초(定礎), 상량,
행선, 조장(造醬), 재의
(※ 기(忌) : 제사)

(4) **丁卯日** : 출행, 제사, 개옥, 취직, 행선, 조장(造醬), 재의

(5) **戊辰日** : 출행, 제사, 정초, 상량, 개옥, 취직, 행선(行船), 재의

(6) **己巳日** : 기조(起造), 기지(基地), 정초, 상량, 개옥, 취직,
벌목, 재의
(※ 기(忌) : 출행)

(7) **庚午日** : 출행, 이사, 불공, 기조(起造), 동토, 정초, 상량,
용왕제, 취직, 벌목,
(※ 기(忌) : 침구, 개옥)

(8) **辛未日** : 사주, 납채, 출행, 제사, 기조(起造), 동토, 기지, 성조,
용왕제, 상량, 개옥, 매매, 벌목
(※ 기(忌) : 조장(造醬), 복약(服藥))

(9) 壬申日 : 제사, 고사, 출행, 산신제, 용왕제, 상량, 개옥, 벌목

(10) 癸酉日 : 제사, 용왕제, 기조, 동토, 개옥

    (※ 기(忌) : 소송, 친목회)

(11) 甲戌日 : 출행, 제사, 불공, 기조, 정초(定礎), 상량, 교역, 용왕
제, 벌목

    (※ 기(忌) : 창고를 열어 물건을 내어 놓는 일)

(12) 乙亥日 : 출행, 제사, 기복, 불공, 용왕제, 기조, 정초, 상량,
동토, 파옥, 벌목 (※ 기(忌) : 혼인)

(13) 丙子日 : 고사, 산신제, 상량, 개옥, 교역, 취직

(14) 丁丑日 : 출행, 이사, 행선, 교역

(15) 戊寅日 : 사주, 납채, 혼인, 행선, 정초, 상량, 벌목

(16) 己卯日 : 혼인, 납채, 사주, 정초, 개옥, 취직, 벌목

    (※ 기(忌) : 천정(穿井))

(17) 庚辰日 : 제사, 납채, 사주, 상량, 개옥, 교역

(18) 辛巳日 : 교역, 동토, 정초

    (※ 기(忌) : 조장, 출행)

(19) 壬午日 : 제사, 기복, 정초, 상량, 행선, 취직, 교역

    (※ 기(忌) : 개옥, 제방)

(20) 癸未日 : 고사, 기조, 정초, 개옥

    (※ 기(忌) : 소송, 복약)

(21) 甲申日 : 이사, 개옥, 출행, 벌목, 동토, 정초, 상량

    (※ 기(忌) : 창고를 여는 일)

(22) 乙酉日 : 제사, 고사, 개옥, 행선, 벌목, 부임

    (※ 기(忌) : 개시(開市), 식목, 친목회,)

(23) 丙戌日 : 제사, 산제, 출행, 사주, 납채, 동토, 상량, 개옥, 부임

(24) 丁亥日 : 제사, 고사, 정초, (※ 기(忌) : 혼인)

(25) 戊子日 : 사주, 납채, 상량, 개옥, 취직

(26) 己丑日 : 제사, 고사, 사주, 납채, 출행

(27) 庚寅日 : 이사, 출행, 개옥, 기조, 정초, 상량

　　　　　　　(※ 기(忌) : 제사)

(28) 辛卯日 : 제사, 고사, 불공, 교역, 행선, 출행

(29) 壬辰日 : 고사, 사주, 납채, 교역

(30) 癸巳日 : 사주, 납채, 이사, 정초, 개옥, 부임

(31) 甲午日 : 고사, 출행, 상량, 행선

　　　　　　　(※ 기(忌) : 창고를 여는 일, 개옥,)

(32) 乙未日 : 이사, 고사, 사주, 납채, 개옥, 교역, 행선

　　　　　　　(※ 기(忌) : 복약, 식재, 파종,)

(33) 丙申日 : 제사, 고사, 상량, 입학, 벌목

(34) 丁酉日 : 제사, 고사, 개옥, 정초, 상량 (※ 기(忌) : 친목회)

(35) 戊戌日 : 사주, 납채, 정초, 상량

(36) 己亥日 : 개옥, 정초, 상량, 취직(※ 기(忌) : 혼인)

(37) 庚子日 : 용왕제, 교역, 취직. 정초, 상량

(38) 辛丑日 : 기초, 출행, 상량, 행선

(39) 壬寅日 : 이사, 사주, 납채, 개옥, 상량, 임관, 행선

(40) 癸卯日 : 이사, 불공. 사주, 납채, 개옥, 상량, 출행

(41) 甲辰日 : 사주, 납채, 개옥, 동토

　　　　　　　(※ 기(忌) : 창고를 여는 일)

(42) 乙巳日 : 제사, 기복, 개옥, 상량

(43) 丙午日 : 이사, 제사, 고사, 사주, 납채, 조장, 출행, 취직, 정초

(※ 기(忌) : 개옥)

(44) 丁未日 : 제사, 고사, 불공, 정초, 사주, 납채, 교역, 상량

(※ 기(忌) : 복약)

(45) 戊申日 : 제사, 고사, 교역, 개옥, 정초

(46) 己酉日 : 제사, 고사, 출행, 정초, 상량, 개옥

(※ 기(忌) : 친목회)

(47) 庚戌日 : 제사, 고사, 사주, 납채, 개옥, 부임(※ 기(忌) : 침구)

(48) 辛亥日 : 행선, 개옥, 상량, 부임 (※ 기(忌) : 결혼)

(49) 壬子日 : 교역, 정초, 사주, 납채

(50) 癸丑日 : 이사, 사주, 납채, 개옥, 정초, 상량, 출행

(51) 甲寅日 : 출행, 교역, 사주, 납채(※ 기(忌) : 제사)

(52) 乙卯日 : 이사, 사주, 납채, 개옥, 상량, 출행, 행선

(※ 기(忌) : 관정, 식재)

(53) 丙辰日 : 이사, 제사, 고사, 사주, 납채, 개옥, 정초

(54) 丁巳日 : 이사, 재사, 사주, 납채, 정초, 상량(※ 기(忌) : 출행)

(55) 戊午日 : 제사, 고사, 동토, 사주, 납채,(※ 기(忌) : 개옥)

(56) 己未日 : 제사, 고사, 이사, 사주, 납채, 교역(※ 기(忌) : 복약)

(57) 庚申日 : 이사, 출행, 정초, 개옥, (※ 기(忌) : 침구)

(58) 辛酉日 : 제사, 기복, 불공, 상량, 개옥, 출행

(※ 기(忌) : 조장, 친목회)

(59) 壬戌日 : 출행, 구의료병(求醫療病),

(60) 癸亥日 : 제사, 고사, 출행, 상량(※ 기(忌) : 결혼)

제 9 장

나경(羅經) 사용법

1. 나경(羅經)의 의의(意義)

나경이란 '포라만상경륜천지(包羅萬象經綸天地)'에서 '라(羅)'자와 '경(經)'자를 따서 '나경'이라 부르게 된 것이다. 우리 나라에서는 지남철(指南鐵), 또는 패철(佩鐵)이라 부르고 있다.

1996년 문화재 관리청에서 나경 만드는 사람을 중요무형문화재 기능 보유자로 지정할 때 '윤도장(輪圖匠)'이라고 하였다. 조선조 『선조대왕실록』(1600년)에 '윤도(輪圖)'라는 기록이 있다.

이 윤도장을 지정할 때 필자도 실무책임자로 참여해 중요무형문화재 지정의 필요성을 주장한 기억이 있고, 명칭에 대해 조사를 담당했던 교수들과 같이 고민했던 기억이 있다. 그러나 여기서는 나경이라 쓰기로 한다. 나경은 중국 한대(漢代)에 실용화되어 점(占)을 치는 데 사용되었다.

낙랑 고분에서 출토된 식점천지반(式占天地盤)에서도 그 예를 볼 수 있다. 우리 나라에서는 확실한 기록은 없지만 삼국시대부터 나경이 사용되었다고 추정할 수 있다. 고구려 고분 벽화에 나타난 사신도(四神圖)나, 신라·백제의 관제(官制) 등으로 미루어 짐작할 수 있는 것이다. 신라시대에 주역(周易)을 가르쳤고 첨성대와 같은 문화유적에서 천문학(天文學)이 크게 발전되었던 점으로 보아 이 시기에 나경이 사용되었음을 짐자케 한다. 신라말 도선(道詵)에 의해 풍수도침사싱이 널리 알려진 점을 볼 때 우리 나라에서 나경을 삼국시대부터 사용하기 시작하여 고려, 조선시대의 발전 과정을 거쳐 오늘에 이르기까지 우리의 생활

속에 오랫동안 이어져왔다는 사실을 알 수 있다.

　나경은 초기에 단순한 방향을 가리키는 것에서부터 시작해 5층에서 36층까지 다양한 형태로 사용되었다고 하나, 현재 일반적으로 풍수에서 가장 많이 사용하고 있는 것은 9층 짜리 이다.

2.나경의 구성

　나경은 중심(中心)에 자침(磁針)을 남북(南北)으로 향하도록 두고 24 방위를 기본으로 여러 개의 동심원에 쓰여진 방위(方位)들로 구성되어 있다. 음양(陰陽)오행(五行)과 주역의 8괘(八卦), 십간(十干), 십이지(十二支), 24절후가 모두 조합을 이루어 배치되어 있다.

　기본 24방위는 나경의 4층에 표시되어있고 지반정침(地盤正針)이라 부른다. 음택(陰宅)이나 양택(陽宅)은 물론 사물의 기본 좌향(坐向)을 정할 때 기준이 된다. 24방위는 8괘(八卦) 중 건(乾), 곤(坤), 간(艮), 손(巽)과 십간(十干) 중 중앙 또는 중심을 나타내는 무(戊), 기(己)를 제외한 팔간(八干)과 십이지(十二支)를 합해 24방위를 배렬하였다.

　특히, 십이간지는 자(子)를 정북(正北)에 두고, 시계 방향으로 30도(간격으로 차례로 배치해 360도가 되게 하였다. 따라서 24방위는 한 지점에서 전체 360도를 24등분하여 각 15도씩 방위의 간격이 정해졌음을 알 수 있다. 기본 24방위에 팔괘, 십간, 십이지를 동시에 배렬하면 겹치는 부분이 있기 때문에 팔괘 중 정북에 감(坎), 정남에 이(離), 정동

에 진(震), 정서에 태(兌) 등 동서남북 4정방(四正方)의 자리를 빼고 십
간(十干)에서 중앙에 해당하는 무기(戊己)를 제외한 것이다.

(1)간지(干支)

① **천간(天干)** : 갑, 을, 병, 정, 무, 기, 경, 신, 임, 계

　　　　　　　　(甲, 乙, 丙, 丁, 戊, 己, 庚, 辛, 壬, 癸)

② **지지(地支)** : 자, 축, 인, 묘, 진, 사, 오, 미, 신, 유, 술, 해

　　　　　　　　(子, 丑, 寅, 卯, 辰, 巳, 午, 未, 辛, 酉, 戌, 亥)

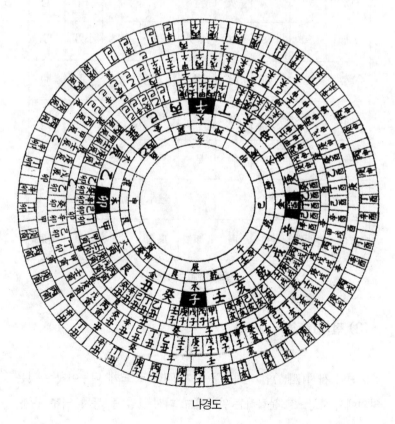

나경도

(2) 8괘(八卦)

건(乾), 곤(坤), 진(震), 손(巽), 감(坎), 이(離), 간(艮), 태(兌),

卦象	☰	☱	☲	☳	☴	☵	☶	☷
卦名	乾	兌	離	震	巽	坎	艮	坤
自然	天	澤	火	雷	風	水	山	地
人間	父	小女	中女	長男	長女	中男	小男	母
性質	健	열(說)	麗	動	入	陷	止	順
動物	馬	羊	雉	龍	鷄	豚	狗	牛
身體	首	口	目	足	股	耳	手	腹
五行	陽金	陰金	火	陽木	陰木	水	陽土	陰土
方位	西北	西	南	東	東南	北	北東	南西

팔괘의 괘명과 괘상

(3) 절기(節氣)

일년이 사시(四時)인 춘하추동 사계(四季)로 크게 나누어지는 것은
양의에서 사상으로 분화하는 원리이고, 다시 팔절 즉, 동지, 입춘, 춘분,

입하, 하지, 입추, 추분, 입동으로 기본 여덜마디를 이루니 이는 사상에서 팔괘로 진화하는 이치이다. 8절이 각 3등분되어 24기를 이루니 이것이 24방위와 1 대 1의 관계가 있음을 알 수 있다. 그리고 8괘가 각기 3효로 구성되어 총 24효를 이루는 원리와 같다.

구분	봄	여름	가을	겨울
節氣	立春	立夏	立秋	立冬
	雨水	小滿	處暑	小雪
	驚蟄	芒種	白露	大雪
	春分	夏至	秋分	冬至
	淸明	小暑	寒露	小寒
	穀雨	大暑	霜降	大寒

24절기표

(4) 구성(構成)

나경은 1층에서 9층까지로 구성되어 있다. 1층은 8요 황천살로 좌(坐)에 대한 살(殺)을 표시한 것이고, 살(殺)이란 지독하고 모진 기운으로 사람의 일상 생활에 해로움을 주는 나쁜 것이므로 맨 앞줄에 배치하여 주의를 환기시키고 있다. 2층은 향(向)에 대한 살(殺)로 역시 위험하기 때문에 두번째 줄에 배치하고 있다.

3층은 삼합오행(三合五行)으로 오행의 같은 기(氣)가 세개 모여 정삼각형의 합(合)을 이룰 때 좋은 영향을 주고 길지가 된다고 해서 그것을 살피는 것이고 4층은 지반정침(地盤正針)으로 기본 24방위를 가리키고 5층은 천산(穿山) 72용(七十二龍)으로 후룡(後龍)에서 혈(穴)에 들어오기 직전의 입수(入首)까지의 용의 방향을 보며 6층은 인반중침(人盤中針)으로 혈 주변의 산과 건물, 비석 등 주변 환경이 모두 여기에 속하며 좌(坐)와의 관계를 살핀다.

7층은 투지(透地) 60룡이라 하고 투지는 통한다는 뜻이며 입수(入首)에서 혈(穴)까지의 방위를 보는 것이다. 8층은 천반봉침(天盤縫針)으로 물의 방향을 보고 1층과 2층의 살(殺)의 방향도 모두 8층으로 본다. 9층은 분금(分金)을 보는 것으로 하관(下棺)시 망자(亡者)의 생년 납음오행과 상생(相生)관계를 보아 관의 방향을 잡는데 쓴다. 따라서 1층부터 9층까지의 구성과 명칭, 용도에 대해서는 다음 장에서 상세히 논하겠다.

3. 나경(羅經)의 층별 명칭 및 현상

(1) 팔요황천살(八曜黃泉殺)

1층에는 진(辰), 인(寅), 신(申), 유(酉), 해(亥), 묘(卯), 사(巳), 오(午) 등이 8칸에 나누어 표시되어 있다. 이 방향으로 물(水)이 들어오거나 나가게 되면 좌에 대한 살이라 하여 맨 앞줄에 배치하였다.

혈 주변의 사(砂)가 꺼지거나 하여도 이를 지나쳐서는 안 된다. 황천 살(黃泉殺)이란 죽음과 파멸에 이르게 하는 고약하고 못된 기(氣)의 작 용을 말한다.

(2) 황천살(黃泉殺)

2층에는 건(乾), 간(艮), 갑계(甲癸), 간(艮), 손(巽), 을병(乙丙), 손 (巽), 곤(坤), 정경(丁庚), 곤(坤), 건(乾), 신임(辛壬) 등이 12칸에 배치 되었다. 이것은 향(向)에 대한 살(殺)로써 이 방향으로 물(水)이 들어오 거나 나가는 것이 보이면 황천살 작용을 한다.

(3) 삼합오행(三合五行)

좌(坐)와 수(水), 그리고 사(砂)가 삼합을 이루거나 좌(坐)와 득수(得 水), 파구(破口)가 삼합을 이루면 길혈(吉穴)이라 한다. 3층에는 수 (水), 금(金), 화(火), 목(木), 수(水), 금(金), 화(火), 목(木), 수(水), 금 (金), 화(火), 목(木) 등 오행이 12칸에 기재되었다.

(4) 지반정침(地盤正針)

음택이나 양택을 막론하고 혈(穴)의 좌향을 잡을 때 쓴다. 4층에는 자(子), 계(癸), 축(丑), 간(艮), 인(寅), 갑(甲), 묘(卯), 을(乙), 진(辰), 손(巽), 사(巳), 병(丙), 오(午), 정(丁), 미(未), 곤(坤), 신(申), 경(庚), 유(酉), 신(辛), 술(戌), 건(乾), 해(亥), 임(壬) 등 24방위가 배치되었

다. 이것이 기본방위이다.

(5) 천산(穿山) 72룡(龍)

혈 뒤의 후룡(後龍)이 입수(入首)까지 들어오는 용(龍)의 방향을 정해 길흉(吉凶)을 구별할 때 사용한다. 천산(穿山) 72룡은 십이지(十二支)에 각 5룡씩 60룡과 팔간(八干)과 건(乾), 곤(坤), 간(艮), 손(巽), 사유(四維)의 빈칸 12룡을 합하여 된 것이다. 먼저 십이지(十二支) 육십룡(六十龍)을 보면,

갑자(甲子), 병자(丙子), 무자(戊子), 경자(庚子), 임자(壬子),

을축(乙丑), 정축(丁丑), 기축(己丑), 신축(辛丑), 계축(癸丑),

병인(丙寅), 무인(戊寅), 경인(庚寅), 임인(壬寅), 갑인(甲寅),

정묘(丁卯), 기묘(己卯), 신묘(辛卯), 계묘(癸卯), 을묘(乙卯),

무진(戊辰), 경진(庚辰), 임진(壬辰), 갑진(甲辰), 병진(丙辰),

기사(己巳), 신사(辛巳), 계사(癸巳), 을사(乙巳), 정사(丁巳),

경오(庚午), 임오(壬午), 갑오(甲午), 병오(丙午), 무오(戊午),

신미(辛未), 계미(癸未), 을미(乙未), 정미(丁未), 기미(己未),

임신(壬申), 갑신(甲申), 병신(丙申), 무신(戊申), 경신(庚申),

계유(癸酉), 을유(乙酉), 정유(丁酉), 기유(己酉), 신유(辛酉),

갑술(甲戌), 병술(丙戌), 무술(戊戌), 경술(庚戌), 임술(壬戌),

을해(乙亥), 정해(丁亥), 기해(己亥), 신해(辛亥), 계해(癸亥),

이다.

(6) 인반중침(人盤中針)

좌와 사와의 관계를 살필 때 사용한다. 사(砂)란 혈(穴) 주변의 산을 뜻하며 건물이나 비석, 바위 등 주변 환경이 모두 여기에 속한다. 옛날 사람들이 풍수를 가르칠 때 모래(砂) 위에 여러 가지 그림을 그려 설명한 것에서 비롯되었다고 한다.

6층에는 24 산(山)이 표시되었는데 다음과 같다.

자(子), 계(癸), 축(丑), 간(艮), 인(寅), 갑(甲), 묘(卯), 을(乙),

진(辰), 손(巽), 사(砂), 병(丙), 오(午), 정(丁), 미(未), 곤(坤),

신(辛), 경(庚), 유(酉), 신(申), 술(戌), 건(乾), 해(亥), 임(壬)

등 24 산이 있다.

(7) 투지 60룡(透地 六十龍)

투지(透地)란 통한다는 뜻이며 산(山)이라 하지 않고 지라고 한 것은 만물이 땅에서 생성한다는 데서 온 것이다. 투지 60룡은 입수(入首)의 분수척상(分水脊上)에서 혈까지의 룡을 본다. 60룡은 쌍산(雙山:동궁)을 5분 한 것과 같다. 쌍산에는 반드시 지지가 있는 바 이 지지를 60갑자로 나눈 것과 같다.

① 임자(壬子)는 갑자(甲子), 병자(丙子), 무자(戊子), 경자(庚子), 임자(壬子)로 나누어 졌다.

② 계축(癸丑)은 을축(乙丑), 정축(丁丑), 기축(己丑), 신축(辛丑), 계축(癸丑)으로 나누어 졌다.

③ 간인(艮寅)은 병인(丙寅), 무인(戊寅), 경인(庚寅), 임인(壬寅), 갑

인(甲寅)으로 나누어 진다.

④ 갑묘(甲卯)는 정묘(丁卯), 기묘(己卯), 신묘(辛卯), 계묘(癸卯), 을
묘(乙卯)로 된다.

⑤ 을진(乙辰)은 무진(戊辰), 경진(庚辰), 임진(壬辰), 갑진(甲辰), 병
진(丙辰)으로 나누어 진다.

⑥ 손사(巽巳)는 기사(己巳), 신사(辛巳), 계사(癸巳), 을사(乙巳), 정
사(丁巳)로 나누어 진다.

⑦ 병오(丙午)는 경오(庚午), 임오(壬午), 갑오(甲午), 병오(丙午), 무
오(戊午)로 나누어 졌다.

⑧ 정미(丁未)는 신미(辛未), 계미(癸未), 을미(乙未), 정미(丁未), 기
미(己未)로 된다.

⑨ 곤신(坤申)은 임신(壬申), 갑신(甲申), 병신(丙申), 무신(戊申), 경
신(庚申)으로 된다.

⑩ 경유(庚酉)는 계유(癸酉), 을유(乙酉), 정유(丁酉), 기유(己酉), 신
유(辛酉)가 된다.

⑪ 신술(申戌)은 갑술(甲戌), 병술(丙戌), 무술(戊戌), 경술(庚戌), 임
술(壬戌)로 나누어 졌다.

⑫ 건해(乾亥)는 을해(乙亥), 정해(丁亥), 기해(己亥), 신해(辛亥), 계
해(癸亥)로 나누어 60룡이 되었다.

투지 60룡은 4층의 24방위를 각 2.5분한 것이다.

(8) 천반봉침(天盤縫針)

4층보다 7.5도 순행 방향으로 이동된 것으로 24방위를 그대로 기재

하고 있다 파구(破口)나 득수(得水) 등 물의 방향을 볼 때 8층으로 본다. 황천살도 8층으로 살핀다.

(9) 분금(分金)

4층의 24방위에 분금(分金)을 쓸 수 있도록 48방위로 나누어져 있다. 분금은 하관(下棺)시 망자(亡者)의 생년 납음오행을 생해 주거나 좌(坐)의 납음 5행을 생해 주면 그 좌의 범위 안에서 관을 분금에 맞추어 놓는 것을 말한다. 분금은 대칭적으로 서로 납음오행이 같고 같은 천간(天干)을 쓴다. 예컨대 병자(丙子) 분금의 대칭을 병오(丙午)이고, 경자(庚子) 분금의 대칭은 경오(庚午)이다. 9층에는,

> 병자(丙子), 경자(庚子), 병자(丙子), 경자(庚子), 정축(丁丑),
> 신축(辛丑), 정축(丁丑), 신축(辛丑), 병인(丙寅), 경인(庚寅),
> 병인(丙寅), 경인(庚寅), 정묘(丁卯), 신묘(辛卯), 정묘(丁卯),
> 신묘(辛卯), 병진(丙辰), 경진(庚辰), 병진(丙辰), 경진(庚辰),
> 정사(丁巳), 신사(辛巳), 정사(丁巳), 신사(辛巳), 병오(丙午),
> 경오(庚午), 병오(丙午), 경오(庚午), 정미(丁未), 신미(辛未),
> 정미(丁未), 신미(辛未), 병신(丙申), 경신(庚申), 병신(丙申),
> 경신(庚申), 정유(丁酉), 신유(辛酉), 정유(丁酉), 신유(辛酉),
> 병술(丙戌), 경술(庚戌), 병술(丙戌), 경술(庚戌), 정해(丁亥),
> 신해(辛亥), 정해(丁亥), 신해(辛亥)로 나누어져 있다.

분금(分金)은 봉침 분금(縫針分金)으로 수와의 관계를 살피고 투지기

(透地氣)와 납음오행으로 상생관계를 본다. 망자의 생년을 생해 주면 더욱 좋다.

4. 나경(羅經)의 층별 사용법(使用法)

(1) 좌(坐)에 대한 팔요 황천살(八曜黃泉殺)

1층은 진(辰), 인(寅), 신(申), 유(酉), 해(亥), 묘(卯), 사(巳), 오(午) 8칸으로 나누어 표시되어 있는데 4층의 24방위 좌(坐)에 대한 황천살(黃泉殺)로써 혈(穴) 앞의 득수(得水)의 방향을 8층으로 보며 혈(穴) 주위의 깨진 곳이나 꺼진 곳은 풍살(風殺)이 우려되므로 같이 살펴야 한다.

● 좌별황천살(坐別黃泉殺)

① 임(壬), 자(子), 계(癸) 감(坎) 좌 : 수(水) →진(辰) 득수 황천살

② 축(丑), 간(艮), 인(寅) 간(艮) 좌 : 토(土) →인(寅) 득수 황천살

③ 갑(甲), 묘(卯), 을(乙) 진(震) 좌 : 목(木) →신(申) 득수 황천살

④ 진(辰), 손(巽), 사(巳) 손(巽) 좌 : 목(木) →유(酉) 득수 황천살

⑤ 병(丙), 오(午), 정(丁) 이(離) 좌 : 화(火) →해(亥) 득수 황천살

⑥ 미(未), 곤(坤), 신(申) 곤(坤) 좌 : 토(土) →묘(卯) 득수 황천살

⑦ 경(庚), 유(酉), 신(辛) 태(兌) 좌 : 금(金) →사(巳) 득수 황천살

⑧ 술(戌), 건(乾), 해(亥) 건(乾) 좌 : 금(金) →오(午) 득수 황천살

(2) 향(向)에 대한 황천살(黃泉殺)

2층의 황천살은 향에 대한 살로써 그 방향으로 물이 들어오거나 나가면 황천살의 피해를 받는다. 역시 8층으로 본다.

● 향별황천살(向別黃泉殺)

① 임(壬), 신(辛) 향(向)은 → 건방향(乾方向)의 황천살

② 간(艮) 향(向)은 → 갑계방향(甲契方向)의 황천살

③ 을(乙), 병(丙) 향(向)은 → 손방향(巽方向)의 황천살

④ 곤(坤) 향(向)은 → 정(丁), 경(庚) 방향의 황천살

⑤ 갑(甲), 계(癸) 향(向)은 → 간(艮)방향의 황천살

⑥ 손(巽) 향(向)은 → 을(乙), 병(丙) 방향의 황천살

⑦ 정(丁), 경(庚) 향(向)은 → 곤(坤)방향의 황천살

⑧ 건(乾) 향(向)은 → 신(辛), 임(壬) 방향의 황천살을 각각 받는다.

예를 들어 임좌(壬坐) 병향(丙向)의 묘를 쓰고자 할 때는 진(辰) 방향의 8요황천설과 손방향(巽方向)의 황천살을 동시에 살펴야 한다. 좌(坐)에 대한 살(殺)과 향(向)에 대한 살(殺)이 그런 것이다.

(3) 쌍산(雙山) 및 삼합오행(三合五行)

쌍산은 동궁(同宮)을 말하며 목(木), 화(火), 금(金), 수(水), 토(土)의 5행을 표시하고 있는데 토(土)는 중앙(中央)을 뜻하므로 방위를 표시하는데는 제외시켰다.

좌향(坐向), 수(水), 사(砂)가 삼합(三合)을 이룰 때는 대길(大吉)하고, 이합(二合)만 되어도 길(吉)하다. 좌(坐)와 득수(得水), 파구(破口)

가 삼합(三合)을 이루어도 길하고 비석을 삼합이 되도록 세워도 길하다. 평지묘는 비석을 세우지 않는 것이 원칙이다.

① **목국(木局)** 갑(甲), 묘(卯), 정(丁), 미(未), 건(乾), 해(亥) 인데 이 중 갑(甲), 정(丁), 건(乾)을 이으면 삼합으로 정삼각형이 되고, 묘(卯), 미(未), 해(亥)를 이어도 삼합으로 정삼각형이 된다.

② **화국(火局)** 간(艮), 인(寅), 병(丙), 오(午), 신(辛), 술(戌)인데 간(艮), 병(丙), 신(辛)이 삼합이고, 인(寅), 오(午), 술(戌)이 삼합이 된다.

③ **금국(金局)** 계(癸), 축(丑), 손(巽), 사(巳), 경(庚), 유(酉)인데, 계(癸), 손(巽), 경(庚)이 삼합이 되고, 축(丑), 사(巳), 유(酉)가 삼합이다.

④ **수국(水局)** 임(壬), 자(子), 을(乙), 진(辰), 곤(坤), 신(申)인데, 임(壬), 을(乙), 곤(坤)이 삼합이고, 자(子), 진(辰), 신(申)이 삽합이다.

(4) 혈(穴)의 좌향(坐向)

① 좌(坐)와 향(向)

4층은 혈(穴)의 좌향을 정하는데 사용한다. 4층에는 자(子), 계(癸), 축(丑), 간(艮), 인(寅), 갑(甲), 묘(卯), 을(乙), 진(辰), 손(巽), 사(巳), 병(丙), 오(午), 정(丁), 미(未), 곤(坤), 신(申), 경(庚), 유(酉), 신(辛), 술(戌), 건(乾), 해(亥), 임(壬) 등 24방위가 있다. 360도를 24방위로 나누면 1방위는 15도가 된다. 그리고 자(子)는 오(午)와 대칭이 되고 묘(卯)는 유(酉)와 대칭된다. 따라서 혈(穴)의 좌향(坐向)은 언제나 대칭적으로 이루어진다. 즉, 다음과 같이 24 좌향이 그것이다.

자좌오향(子坐午向), 묘좌유향(卯坐酉向), 간좌곤향(艮坐坤向),

손좌건향(巽坐乾向), 건좌손향(乾坐巽向), 계좌정향(癸坐丁向),

축좌미향(丑坐未向), 갑좌경향(甲坐庚向), 인좌신향(寅坐申向),

을좌신향(乙坐辛向), 진좌술향(辰坐戌向), 사좌해향(巳座亥向),

병좌임향(丙坐壬向), 오좌자향(午坐子向), 유좌묘향(酉坐卯向),

곤좌간향(坤坐艮向), 정좌계향(丁坐癸向), 미좌축향(未坐丑向),

경좌갑향(庚坐甲向), 신좌인향(申坐寅向), 신좌을향(申坐乙向),

술좌진향(戌座辰向), 해좌사향(亥坐巳向), 임좌병향(壬坐丙向),

이와 같이 4층의 24방위는 나경의 핵심으로 주역의 후천 8괘(八卦)를 그대로 응용하여 만든 것이다.

　　나경은 언제나 자(子)가 밑에 있고 오(午)가 위로 가도록 되어있는데 이는 만물이 수(水)로부터 비롯되었다는 주역의 원리에 의한 것이며 또한 물은 아래로 흐르고 불은 위로 올라가는 오행의 성질을 생각해 보아도 쉽게 알 수 있을 것이다.

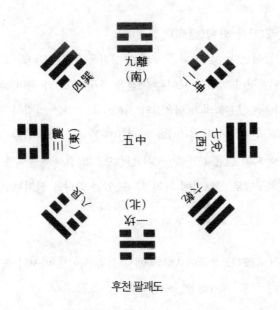

후천 팔괘도

② 괘별방위표

卦名	方位
坎卦	壬, 子, 癸,
艮卦	丑, 艮, 寅,
震卦	甲, 卯, 乙,
巽卦	辰, 巽, 巳,
離卦	丙, 午, 丁,
坤卦	未, 坤, 申,
兌卦	庚, 酉, 辛,
乾卦	戌, 乾, 亥,

③ 파구(破口)와 좌향(坐向)

물이 흘러들어 오는 것이 처음 보이는 지점을 득수(得水)라 하고 물이 흘러나가는 것이 마지막 보이는 지점을 파구(破口)라 한다. 파구를 보고 포태법(胞胎法)에 의거 혈(穴)의 좌(坐)를 정하는 방법과 정음정양법(淨陰淨陽法)에 의거 좌(坐)와 득파(得破), 좌(坐)와 입수룡(入首龍), 좌와 만두와의 길흉 관계를 구성(九星)으로 연결시켜 풀어 보는 방법이 있다. 파구별로 포태법에 의거 쓸 수 있는 좌향을 살펴보면 다음과 같다.

● 미파구(未破口) : 물이 남서쪽에서 서쪽 사이로 마지막 흘러 갈 때를 말함 (丁, 未, 坤, 申, 庚, 酉 방향).

- 甲坐庚向, 卯坐酉向은 생좌(生坐)로 매우 좋다.
- 癸坐丁向, 丑坐未向은 대좌(帶坐)로 아주 좋다.
- 壬坐丙向, 子坐午向은 관좌(冠坐)로 역시 좋다.

● **술파구(戌破口)** : 물이 서북쪽에서 북쪽 사이로 흘러 나갈 때를 말함 (辛, 戌, 乾, 亥, 壬, 子 방향).

- 壬坐壬向, 午坐子向은 생좌(生坐)로 매우 좋다.
- 辰坐戌向, 乙坐辛向은 대좌(帶坐)로 아주 좋다.
- 甲坐庚向, 卯坐酉向은 관좌(冠坐)로 역시 좋다.

● **축파구(丑破口)** : 물이 동북쪽에서 동쪽 사이로 흘러 나갈 때를 말함 (癸, 丑, 艮, 寅, 甲, 卯 방향).

- 庚坐甲向, 酉坐卯向은 생좌(生坐)로 매우 좋다.
- 丁坐癸向, 未坐丑向은 대좌(帶坐)로 아주 좋다.
- 甲坐壬向, 午坐子向은 관좌(冠坐)로 역시 좋다.

● **진파구(辰破口)** : 물이 동남쪽에서 남쪽 사이로 흘러 나갈 때를 말함 (乙, 辰, 巽, 巳, 丙, 午 방향).

- 壬坐丙向, 子坐午向은 생좌(生坐)로 매우 좋다.
- 辛坐乙向, 戌坐辰向은 대좌(帶坐)로 아주 좋다.
- 庚坐甲向, 酉坐卯向은 관좌(冠坐)로 역시 좋다.

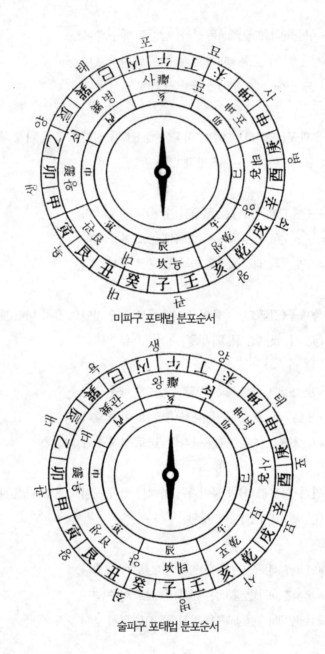

미파구 포태법 분포순서

술파구 포태법 분포순서

축파구 포태법 분포순서

진파구 포태법 분포순서

※ 파구별 방위표(破口別 方位表)

파구별	方位	물이 나가는 방향
未破口	丁, 未, 坤, 申, 庚, 酉	남서쪽 → 서쪽사이
戌破口	申, 戌, 乾, 亥, 壬, 子	서북쪽 → 북쪽사이
丑破口	癸, 丑, 艮, 寅, 甲, 卯	동북쪽 → 동쪽사이
辰破口	乙, 辰, 巽, 巳, 丙, 午	동남쪽 → 남쪽사이

(5)포태법(胞胎法)

① 포태의 구성

　포태(胞胎)는 포(胞), 태(胎), 양(養), 생(生), 욕(浴), 대(帶), 관(冠), 왕(旺), 쇠(衰), 병(病), 사(死), 장(藏) 등 12과정으로 이는 사람이 태어나서 죽어 묻힐 때까지 일생을 나누어 관찰한 것이다.

　양(養), 생(生), 욕(浴), 대(帶), 관(冠), 왕(旺)을 유기(有氣)라 하여 길신(吉神)으로 보고, 쇠(衰), 병(病), 사(死), 장(藏), 포(胞), 태(胎)를 흉신(凶神)으로 본다.

　또한, 포(胞)를 절(絶), 대(帶)를 관대(冠帶), 관(冠)을 임관(臨官), 장(藏)을 고(庫) 또는 묘(墓)라고도 한다.

② 포태 오생 속견표(胞胎 五生 速見表)

胞胎＼天干	五行	胞	胎	養	生	浴	帶	冠	旺	衰	病	死	藏
甲	木	申	酉	戌	亥	子	丑	寅	卯	辰	巳	午	未
乙		酉	申	未	午	巳	辰	卯	寅	丑	子	亥	戌
丙	火	亥	子	丑	寅	卯	辰	巳	午	未	申	酉	戌
丁		子	亥	戌	酉	申	未	午	巳	辰	卯	寅	丑
戊	土	巳	午	未	申	酉	戌	亥	子	丑	寅	卯	辰
己		午	巳	辰	卯	寅	丑	子	亥	戌	酉	申	未
庚	金	寅	卯	辰	巳	午	未	申	酉	戌	亥	子	丑
辛		卯	寅	丑	子	亥	戌	酉	申	未	午	巳	辰
壬	水	巳	午	未	申	酉	戌	亥	子	丑	寅	卯	辰
癸		午	巳	辰	卯	寅	丑	子	亥	戌	酉	申	未

※ 수토(水土)는 공존으로 본다.

미파구(未破口)는 계(癸), 갑(甲) 포태 사용함.

술파구(戌破口)는 을(乙), 병(丙) 포태 사용함.

축파구(丑破口)는 정(丁), 경(庚) 포태 사용함.

진파구(辰破口)는 신(辛), 임(壬) 포태 사용함.

예를 들어 미파구(未破口)에서 계(癸)포태, 갑(甲)포태를 사용한다는 것은 음포태인 계(癸)는 좌(坐)를 결정할 때 사용되고 양포태인 갑(甲) 포태는 득수(得水)를 보는 데 사용된다. 따라서 포태법 중 양포태는 득수(得水) 음포태는 좌를 결정할 때 사용한다.

미파구(未破口) 계(癸)포태(胞胎)인 경우 좌(坐)를 찾기 위한 것이니 미(未)에서부터 시계방향 반대 방향으로(역행(逆行)) 오(午)에서 포

(胞), 사(巳)에 태(胎) 진(辰)에 양(養), 묘(卯)에 생(生), 인(寅)에 욕(浴), 축(丑)에 대(帶), 자(子)에 관(冠), 해(亥)에 왕(旺)으로 묘(卯), 축(丑), 자(子), 해(亥)는 길좌이다.

또한 묘(卯), 축(丑), 자(子), 해(亥)에는 갑(甲), 계(癸) 임(壬), 건(乾)의 동궁(同宮)이 있다. 즉, 묘(卯)에는 갑(甲), 축(丑)에는 계(癸), 자(子)에는 임(壬), 해(亥)에는 건(乾)이 그것이다. 따라서 미파구(未破口)에서 좌(坐)로 쓸 수 있는 것은 모두 8개 방위이다. 좌가 결정되면 향은 180도 대칭으로 자연히 따라오기 때문에 별도로 생각할 필요가 없다. 나머지, 축파구(丑破口), 술파구(戌破口), 진파구(辰破口)도 같은 방법으로 좌(坐)를 정할 때 상용한다.

득수(得水)는 양포태(陽胞胎)로 결정하는데 미파구(未破口)인 경우 갑포태(甲胞胎)를 사용한다. 갑포태(甲胞胎)는 양포태(陽胞胎)이므로 미(未)에서 시계 방향으로 순행(順行)하여 신(申)에서 포(胞), 유(酉)에서 태(胎), 술(戌)에서 양(陽), 해(亥)에서 생(生), 자(子)에서 욕(浴), 축(丑)에서 대(帶), 인(寅)에서 관(冠), 묘(卯)에서 왕(旺), 진(辰)에서 쇠(衰), 사(巳)에서 병(病), 오(午)에서 사(死), 미(未)에서 장(藏)이 된다. 따라서 해(亥), 축(丑), 인(寅), 묘(卯)는 생(生), 대(帶), 관(冠), 왕(旺)으로 길득수인데 동궁(同宮)인 건(乾), 계(癸), 간(艮), 갑(甲)을 합해 8개 방위의 득수가 길득수가 된다.

참고로 포태법(胞胎法), 12단계를 약술하면 다음과 같다.

● 포(胞) : 아무런 형체 없이 적막한 상태로 절(絶)이라고도 한다. 다음 기생(起生)을 기대하고 있는 상태이다. 절처봉생(絶處逢生)으로 기포(起胞)하는 형상임

● 태(胎) : 배속태반(腹中胎盤)에 회태(懷胎) 되어 있어 뚜렷한 형상

이 나타나지 못하고 복안(腹案)으로만 구성되어 있는 상태임.

● 양(養) : 만사 양성일로(養成一路)로 매진해 나가는 상태.

● 생(生) : 형성된 태가 양육되어 완전한 형체가 발생(發生)하며 점점 발전해 나가는 형상임.

● 욕(浴) : 물에 넣었다 내었다 하는 목욕과 같이 고락이 엇갈리고 사회조류에 세련되 며 성패가 빈번한 형상임.

● 대(帶) : 상하의복을 갖추어 입는 것과 같이 상하를 정비하며 어려웠던 과거를 얘기 하며 만인의 존경과 실질적 결실을 얻게 됨, 실사구정(實事求正)의 미를 획득함. 관대(冠帶)라고도 함.

● 관(冠) : 관대를 갖추어 관위(官位)에 임하는 것으로 모든 일이 상승하고 세력이 날로 번영하여 재록이 창성해지는 형상임

● 왕(旺) : 임관하고 세력이 극도로 상승하여 더 이상 진전할 수 없는 상태와 같이 모든 사물이 완전히 완성되여 더 이상 진취할 수 없을 정도의 만족한 형상임.

● 쇠(衰) : 기가 다하여 모든 사물이 점진적으로 쇠퇴하는 형상으로 어제의 성공이 오늘은 실패로 돌아오는 일이 있게 됨.

● 병(病) : 노쇠하면 병이 들 듯 자력융통(資力融通)이 여의치 못하고 간간히 중단되며 호사다마로 고투하게 됨.

● 사(死) : 병들거나 노쇠하여 죽는 것이 사(死)로써 혈맥이 통하지 않고 호흡이 불능하고 맥박이 놀지 못하는 것과 같이 자력(資力)이 동결되고 집산이 불능하여 종식되는 형상임.

● 장(藏, 墓) : 죽으면 사체를 수장(收藏)하는 곳이 묘인데 모든 사물의 잔해를 수장하는 것으로 사람이 죽으면 흙(묘)으로 돌아가는 것과 같은 현상이다.

(6)후룡에서 입수까지

5층의 천산 72룡은 분수척상(分水脊上)인 입수(入首) 자리에 나경을 놓고 후룡에서 입수까지 들어오는 용의 방향을 정하며 입수룡의 길흉(吉凶)을 가리는데 사용한다. 천산 72룡은 12지지(地支)에, 각 5룡씩 60룡과 8간(八干) 4유(四維 : 乾, 坤, 艮, 巽의 빈칸 12룡을 합한 것으로 지지(地支)인 子, 丑, 寅, 卯, 辰, 巳, 午, 未, 申, 酉, 戌, 亥는 가운데 용은 쓰지 못하고 양쪽 용만 사용하고 천간인 壬, 癸, 甲, 乙, 丙, 丁, 庚, 辛인 8간과 艮, 巽, 坤, 乾인 4유를 합해 12룡은 양쪽은 쓰지 못하고 가운데 빈칸만 사용한다.

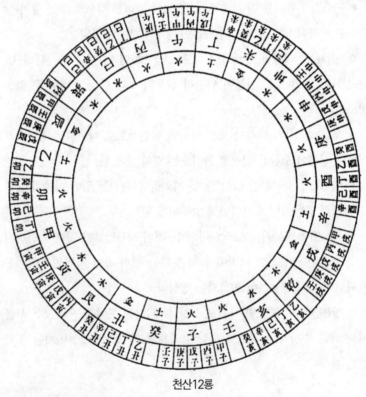

천산12룡

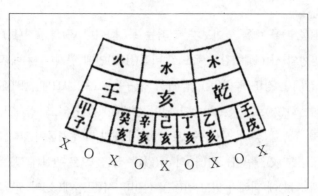

O : 사용가, X : 불가

※ 亥자일 경우 가운데 용은 쓰지 못하고 양쪽만 쓴다.

5층의 72룡은 너무 세분되어 있어 실제 활용에 어려움이 있다. 입수(入首)일절(一節)은 30년 정도로 추산한다.

(7) 혈(穴) 주변의 사(砂)

6층의 인반중침(人盤中針)은 혈(穴) 주변의 사(砂)를 볼 때 사용한다. 사(砂)란 산(山)을 말하는 것으로 사(砂)와 좌(坐)와의 오행(五行) 관계를 살펴 길흉(吉凶)을 보는 것으로 건물이나 비석도 여기에 속한다. 사(砂)는 성수오행(星宿五行)으로 좌와의 생극(生克) 관계를 본다.

① 성수오행(星宿五行)

- 건(乾),곤(坤),간(艮),손(巽) : 목(木)
- 갑(甲),경(庚),병(丙),임(壬),자(子),오(午),묘(卯),유(酉) ; 화(火)
- 을(乙),신(辛),정(丁),계(癸) : 토(土)
- 진(辰),술(戌),축(丑),미(未) ; 금(金)
- 인(寅),신(申),사(巳),해(亥) : 수(水) 이다.

건좌(乾坐)를 예를 들어보자. 건좌는 목(木)이니 곤(坤), 간(艮), 손(巽) 방향의 사(砂)는 같은 목으로 비견(比肩)인데 인재(人材)에 덕이 있고, 갑(甲), 경(庚), 병(丙), 임(壬), 자(子), 오(午), 묘(卯), 유(酉)의 사(砂)는 화(火)로 식신(食神)이 되어 손재(損財)가 있고, 을(乙), 신(申), 정(丁), 계(癸)의 사(砂)는 토(土)로서 재가 되어 재물이 있다.

진(辰), 술(戌), 축(丑), 미(未)의 사(砂)는 금(金)으로 관살(官殺)이 되어 인재(人財)에 피해가 있고 인(寅), 신(申), 사(巳), 해(亥)의 사(砂)는 수(水)로써 인수(印綬)가 되어 관(官), 인(人), 재(財)에 도움이 된다. 그러나 관(官)방의 사(砂)가 높고, 청아하고, 유정하면 부귀한다고 한다.

② 관살(官殺)로 흉(凶)한 사(砂)가 있는 경우에도 묘를 써야 할 때는 식(食), 상(傷), 관(官) 방향에 비석을 세우고 관살(官殺)을 상살(相殺)시키는 방법이있다.

③ 좌룡(左龍)은 장남, 우룡(右龍)은 3남, 안산(案山)은 2남으로 보는 경우도 있으나 일번적으로 좌룡은 아들 우룡은 외손 또는 재물로 보며 안산은 노복, 후룡은 관직 또는 조상을 의미한다. 용은 음(陰)이기 때문에 인반중침(人盤中針)은 4층의 지반정침(地盤正針)과 역(逆)으로 75도의 차이가 있다.

(8) 입수(入首)에서 혈(穴)까지

투지(透地)는 통한다는 뜻이다. 산(山)이라 하지 않고 지(地)라고 한 것은 만물이 땅에서 생성하기 때문이다. 7층 투지 60룡은 입수의 분수척상(分水脊上)인 만두에 나경을 놓고 입수(入首)에서 혈(穴)까지의 방위를 본다. 투지 60룡은 납음오행으로 상생상극 관계를 이루므로 납음

오행(納音五行)은 활용 범위가 넓다. 망자(亡者)의 생년(生年)이 납음
오행으로 좌(坐)와의 관계를 보고 하관시(下棺時)와 분금(分金)을 놓을
때도 활용된다.

① 납음오행(納音五行)

子, 丑, 午, 未, (1)	甲,乙, (1)	丙,丁, (2)
寅, 卯, 申, 酉, (2)	戊,己, (3)	庚,辛, (4)
辰, 巳, 戌, 亥, (3)	壬,癸, (5)	

※ 납음오행을 쉽게 찾는 법

위표에서 숫자의 합(合)이 1이면 목(木), 2는 금(金), 3은 수(水), 4는
화(火), 5는 토(土)이다. 합한 수가 5를 넘으면 5를 뺀다. 납음오행은
단순히 목(木), 화(火), 수(水), 금(金), 토(土)의 상생상극 관계만 따져
서는 안 되며 상극 중 상생하는 이치를 깨달아야 오행의 상생상극 관계
를 완전하게 이해할 수 있다.

사중금(砂中金) 검봉금(劍鋒金)은 화(火)를 만나야만 형체(形體)를
이룰 수 있고, 천상화(天上火), 벽력화(霹靂火)는 수(水)를 얻어야 복록
(福祿)이 충일하고 평지일수목(平地一秀木)은 금(金)이 없으면 영화를
누리지 못하고 천하수(天河水) 대해수(大海水)는 토(土)를 만나야 형통
하고 대역토(大驛土) 사중토(砂中土)는 목(木)이 아니면 평생을 그르치
게 된다.

갑자을축(甲子乙丑) 해중금(海中金), 병인정묘(丙寅丁卯) 노중화(爐中火)

무진기사(戊辰己巳) 대림목(大林木), 경오신미(庚午辛未) 노방토(路傍土)

임신계유(壬申癸酉) 검봉금(劍鋒金), 갑술을해(甲戌乙亥) 산두화(山頭火)

병자정축(丙子丁丑) 간하수(澗下水), 무인기묘(戊寅己卯) 성두토(城頭土)

경진신사(庚辰辛巳) 백납금(白臘金), 임오계미(壬午癸未) 양류목(楊柳木)

갑신을유(甲申乙酉) 천중수(泉中水), 병술정해(丙戌丁亥) 옥상토(屋上土)

무자기축(戊子己丑) 벽력화(霹靂火), 경인신묘(庚寅辛卯) 송백목(松柏木)

임진계사(壬辰癸巳) 장유수(長流水), 갑오을미(甲午乙未) 사중금(沙中金)

병신정유(丙申丁酉) 산하화(山下火), 무술기해(戊戌己亥) 평지목(平地木)

경자신축(庚子辛丑) 벽상토(壁上土), 임인계묘(壬寅癸卯) 금박금(金箔金)

갑진을사(甲辰乙巳) 복등화(覆燈火), 병오정미(丙午丁未) 천하수(天河水)

무신기유(戊申己酉) 대역토(大驛土), 경술신해(庚戌辛亥) 채천금(釵釧金)

임자계축(壬子癸丑) 상자목(桑柘木), 갑인을묘(甲寅乙卯) 대계수(大溪水)

병진정사(丙辰丁巳) 사중토(沙中土), 무오기미(戊午己未) 천상화(天上火)

경신신유(庚申辛酉) 석류목(石榴木), 임술계해(壬戌癸亥) 대해수(大海水)

육십갑자(六十甲子) 납음오행(納音五行)

② 투지 60룡은 병자순(丙子順) 병자(丙子) 정축(丁丑) 무인(戊寅) 기묘(己卯) 경진(庚辰) 신사(辛巳) 임오(壬午) 계미(癸未) 갑신(甲申) 을유(乙酉) 병술(丙戌) 정해(丁亥) 12룡과, 경자순(庚子順) 경자(庚子) 신축(辛丑) 임인(壬寅) 계묘(癸卯) 갑진(甲辰) 을사(乙巳) 병오(丙午) 정미(丁未) 무신(戊申) 기유(己酉) 경술(庚戌) 신해(辛亥) 12룡을 합해

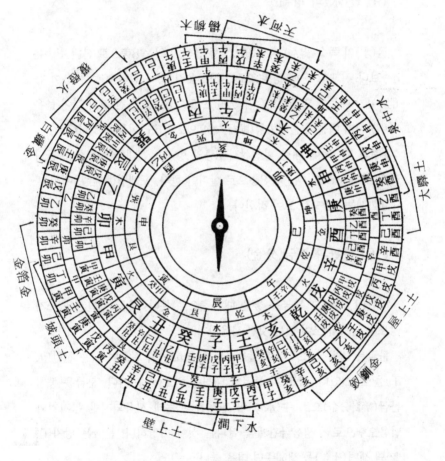

24주보혈

24룡만 사용할 수 있다. 이를 주보혈(珠寶穴)이라 한다.

각 좌마다 한개의 주보혈이 있으며 주보혈의 납음오행과 좌(坐)와의 관계를 살펴보아 투지룡이 좌(坐)를 극하거나 좌(坐)가 투지룡을 생하게 되면 좌(坐)가 되지 못한다.

(9) 물(水)의 방위

물(水)의 득수(得水) 파구(破口) 등 물의 방위는 8층으로 본다. 8층은 4층보다 시계의 순행 방향으로 7.5도 옮긴 것과 같다. 6층은 용이 음(陰)이기 때문에 역행방향(逆行方向)으로 7.5도를 옮긴 것과 같이 물은 양(陽)이기 때문에 순행방향(順行方向)으로 7.5도 이동한 것이다.

1층의 좌(坐)에 대한 황천살과 2층의 향(向)에 대한 황천살은 둘다 물의 방향을 보기 때문에 8층으로 살펴야 한다. 포태법(胞胎法)에서 파구(破口)는 8층으로 보아 정한다.

(10) 하관과 분금(分金)

하관(下棺)하고 분금을 놓을 때 9층으로 본다. 분금은 빈칸은 쓰지 않으며 글자가 쓰여 있는 것만 사용한다.

분금은 대칭적으로 서로 납음오행(納音五行)이 같으며 같은 천간(天干)을 쓰고 있다. 즉 병자 분금의 대칭은 병오(丙午)이다. 분금은 봉침분금(縫針分金)으로 수(水)와의 관계를 보는데 사용되지만 투지기와 납음오행으로 상생상극관계를 살피는 것이 마땅하다. 분금은 망자(亡者)의 생년(生年)을 생해주면 더욱 좋다.

坐向	分金	坐向	分金
子坐午向	丙子, 庚子	午坐子向	丙午, 庚午
癸坐丁向	丙子, 庚子	丁坐子向	丙午, 庚午
丑坐未向	丁丑, 辛丑	未坐丑向	丁未, 辛未
艮坐坤向	丁丑, 辛丑	坤坐艮向	丁未, 辛未
寅坐申向	丙寅, 庚寅	申坐寅向	丙申, 庚申
甲坐庚向	丙寅, 庚寅	庚坐甲向	丙申, 庚申
卯坐酉向	丁卯, 辛卯	酉坐卯向	丁酉, 辛酉
乙坐辛向	丁卯, 辛卯	辛坐乙向	丁酉, 辛酉
辰坐戌向	丙辰, 庚辰	戌坐辰向	丙戌, 庚戌
巽坐乾向	丙辰, 庚辰	乾坐巽向	丙戌, 庚戌
亥坐巳向	丁亥, 辛亥	巳坐亥向	丁巳, 辛巳
壬坐丙向	丁亥, 辛亥	丙坐壬向	丁巳, 辛巳

5. 나경(羅經)의 사용 위치(位置)

(1) 음택(陰宅)

① 입수(入首)의 위치에 나경을 놓고 5층 천산(穿山) 72룡으로 후룡

(後龍)에서 입수까지의 용의 방향을 본다.

　② 나경은 ①의 위치에 그대로 두고 입수(入首)부터 혈(穴)까지를 7층 60룡으로 방향을 본다.

　③ 혈의 위치에 나경을 놓고 4층으로 혈의 좌향(坐向)을 본다.

　④ ③의 위치에 나경을 그대로 두고 6층으로 혈(穴) 주위의 사(砂)의 방향을 본다.

　⑤ ③의 위치에 나경을 놓고 8층으로 황천살(黃泉殺)과 파구(破口), 득수(得水) 등 물의 방향을 본다.

　⑥ ③의 위치에서 하관(下棺)시 9층으로 분금(分金)을 본다.

(2) 양택(陽宅)

　① 택지의 중심에 나경을 놓고 대문, 안방, 부엌의 방위를 4층으로 본다. 이 때 안방, 대문, 부엌이 동사택인가, 서사택인가를 살펴보아야 한다.

　● 동사택(東四宅) : 동, 남, 북, 동남 방위이고
　● 서사택(西四宅) : 서, 서북, 서남, 동북 방위이다.

　② 아파트나 사무실은 건물의 중심에 나경을 놓고 방위를 보아야 한다. 대문 대신 현관문을 보고, 본인의 생년(生年)으로 동사택(東四宅) 운(運)인가, 서사택(西四宅) 운(運)인가를 분별 한다.

(3) 나경사용의 위치도

① 음택

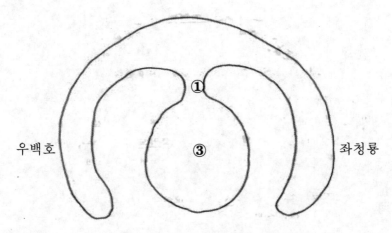

우백호　　　　　　　③　　　　　　　좌청룡

② 양택

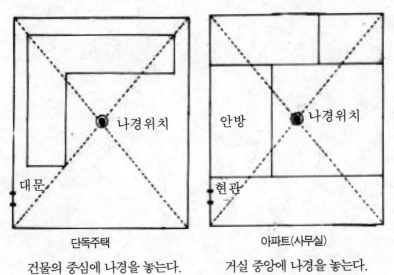

단독주택　　　　　　　　아파트(사무실)

건물의 중심에 나경을 놓는다.　　　거실 중앙에 나경을 놓는다.

제 10 장

수리(數理) 길흉론(吉凶論)

1.수(數)의 기원

수의 기원은 대략 5,000여 년 전 하도(河圖)에서부터 시작된다. 하도란 옛날 중국 복희씨 때 황하에서 용마가 지니고 나왔다는 일월성신의 모양을 그린 55개의 점으로 이루어진 그림으로 1부터 10까지 수의 배열을 통해 우주 만물의 이치를 표시하였다고 한다.

즉, 우주 만물을 구성하는 천·지·인(天地人) 삼재(三才)의 근본 원리이기도 하다. 1부터 5까지를 선천수(先天數) 또는 생수(生數)라고 하고 6부터 10까지를 후천수(後天數) 또는 성수(成數)라 한다. 선천수는 1양으로 시작하여 5양으로 끝나고 후천수는 6음으로 시작하여 10음으로 끝난다. 하늘은 양을 대표하고 땅은 음을 대표한다.

천수(天數)의 합은 25 (1+3+5+7+9)요, 지수(地數)의 합은 30 (2+4+6+8+10)인데 천수와 지수의 총합은 55로서 이는 하도의 수와 같다.

삼천양지(三天兩地)로 설명하자면 삼천은 9(1+3+5)이고 양지는 6(2+4)이다. 역(역)에서 양을 9, 음을 6으로 쓰는 까닭이 바로 이 삼천 양지에서 나온 것이다 양은 한 획(一)으로 표기하여 기수(홀수)이고, 음은 두획(一 一)으로 표기하여 우수(짝수)가 되며 양은 동하고 음은 정한 성격이 형성된다. 그리고 이는 남녀의 생식기와도 그 모양이 같다.

2. 수리 길흉론(數理吉凶論)

(1) 1수(一數)

① 1수는 생수로서 만물의 근본이고, 영구불변 불멸의 수이다. 시두수(始頭數)로 정상. 수령. 행복. 번영. 부귀. 명예. 발전. 장수할 수이다.

② 반면 항상 공개되고 타(他)의 주시를 받아 지위가 불안한 경우가 있다.

③ 1자(一字)는 극상극하로 빈부. 귀천의 차이가 심하고 고독하며 독자가 되기 쉽고, 고집태강 · 배타적 · 이기적 · 독선적이다.

④ 11수는 이지적인 사고력과 진취적 기상으로 사회적으로 상당한 지위와 인망(人望)을 얻어 부귀 안락한 수이다. 양자양녀를 두는 경우가 있다.

⑤ 21수는 지모와 덕망으로 만인의 지도적 위치에 오르며 자주자립의 수이다. 단 여성은 이수를 피하는 것이 좋다. 과부가 많다.

⑥ 31수는 대업을 적수공권으로 부흥시키고 학문예술을 크게 발전시키는 대 길수이다.

⑦ 41수는 만인의 사표로서 중생을 제도하여 천추에 고명한 이름을 전하는 지도적 중심운의 수임.

⑧ 51수는 일시 성공하나, 중도실패 및, 산재의 운이 있다. 1수 중 가장 좋지 않다.

⑨ 61수는 이지적이고 이재에 밝아 부귀번영의 대 길수이다. 그러나

내외불화, 반목 등 불안한 면도 있으므로 수덕에 힘써야 한다. 불손한 점이 큰 약점이다.

⑩ 71수는 점진적으로 진취의 기상이 크게 일어나며 덕망과 능력의 발현으로 부귀,대성하는 길수이다.

⑪ 81수는 최극수로 만물이 시생하는 수로 자연의 원동력이 왕성하여 크게 길운을 맞게 되는 수이다.

(2) 2수(二數)

① 2수는 분리. 분열 박약지수로 불행 · 불구 · 단명 · 고립 · 조실부모 · 병약의 흉수다.

② 재앙 · 질병 · 고통 · 수술 등 분리할 필요가 있을 때 즉 떼어내려고 할 때 2수를 쓰면 좋다. 이혼을 원할 때 이자(二字) 보호명을 쓰고 수술하러 병원에 갈 때 입원 일이나, 수술 일시 등에 2일 또는 2시를 택한다.

③ 2수는 분산 · 분리의 수로 공허하고 역경 조난 · 조업 파산 · 부부 자녀 · 생사 이별 · 가정 망실 · 이향 · 고독과 수심으로 허송 세월하는 운의 수이다.

④ 성명에도 이자(二字)는 피하며 이자(貳字)도 동일하다.

⑤ 12수는 심신이 유약하여 크게 성공을 기대하기는 어려우며 일시 성공하나 중도 실패 · 부부 상별 · 자녀상 실 · 병액 · 불구 · 고독 · 역경 · 변사 형액 등 흉운의 수로 여성은 과부 또는 형식적인 부부 생활을 하게 된다.

⑥ 22수는 선계(善計)로 일시 성공하나 중절하고 실패 · 형액 · 조난

등 역경에 처해 육친 무덕 · 처자 상별 심지어 자신이 질병으로 단명하거나 가정을 잃어버리는 흉운의 수이다(※ 여성은 과부가 많다).

⑦ 32수는 2수중 덜흉한 운의 수로서 득시하면 의외생재하고 모든 일이 형통, 대길하며 장상의 후원으로 성공하는 삼천양지의 극귀한 반면, 흉운이 복재한 수로서 형화. 급변. 조난의 우려가 있음, 여성은 고독과 독수공방하는 고과운으로 불길하다.

⑧ 42수는 신고수난의 수로 지예다능하여 한 가지 일에 전념하면 성공할 수 있으나 편견, 완강한 기력 등으로 발전을 저해하여 스스로 가시밭길을 걷는 흉수이다.

⑨ 52수는 승진, 공명운의 수로 부귀 영달과 건강한 삶을 영위하여 꿈과 이상을 실현하고 지위가 계속 높아지는 길운의 수이다.

⑩ 62수는 사회적 신용을 얻지 못하고(병약, 인고 등) 재난과 괴로움이 찾아와 고독해지는 운의 수이다.

⑪ 72수는 길흉이 상반하는 운으로 먼저 길하고 후에 흉하여 끝내 망하는 수이다.

(3) 3수(三數)

① 삼은 음양이 조화된 신생수이다(1+2=3).

천. 지. 인 삼원지수(三元之數)로 우주 구성의 큰 뜻이 내포되어 있는 길수 이다.

② 3가지 요건이 구비되어야 길수로 작용한다.

지혜가 출중하고, 과단성과 명철한 두뇌, 탁월한 처세로 약관 30미만에 입신양명, 만인통솔, 출장입상하는 대길운의 수이다..

③ 그러나 경거망동하기 쉽고, 실덕하거나 선동적일 수 있다.

- 선동(先動, 먼저 움직이면) - 패(敗)
- 중동(中動, 중용을 택할 경우) - 흥(興)
- 후동(後動, 너무 늦게 움직이면) - 망(亡)

④ 13수는 총명이 출중하여 대업을 성취하고 천하대세를 간파 응사 유공하니 고귀한 발전과 영예가 있고 특히 지도적 선견지명으로 삼군 참모는 물론 문학, 철학에도 크게 발전할 수 있는 대길수 이다.

⑤ 23수는 혁신과 탁월한 영도력으로 일약출세, 지위와 권세를 획득 하여 공명영달 권위왕성 운의 수이나 차수가 중복되면 태강하여 중절, 조난의 운도 있는 수이다 (※ 여성에게는 상부지운(喪夫之運)으로 불길 하다)..

⑥ 33수는 욱일승천지세로 성운 융창하여 대업을 성취하고, 사해에 이름을 떨칠 대길수 이다. 과단성이 있고 출중,특이하나 내면 극쇠운을 내포하고 있다 (※ 여성은 삼부경질(三夫更迭)의 고과운(孤寡運)으로 불길함).

⑦ 43수는 일시적 성공으로 행복한 듯하나 내면으로 고생이 많으며 정신 착란 등으로 실의하여 불의의 재화, 산재의 파란을 당하게 되며 실패 끝에 광증이 생기기 쉬운 흉운의 수이다 (※ 여성은 생활의 뿌리 를 찾지 못하고 떠돌게 되는 흉수이다).

⑧ 53수는 외부내빈 반길지수(半吉之數)로 일차 행복하나 흉운이 찾 아들어 진행 장애, 가산 탕진 등 패가 망신할 수이다 (※ 여성은 생활 의 근거없이 떠돌아 다닌다).

⑨ 63수는 하고자 하는 일이 발전하여 쉽게 목적을 달성하고 명예와 행운이 찾아드는 길상수이다.

⑩ 73수는 실천력과 인내력이 부족하여 큰일을 수행하는 것은 어려우나 자연의 복지를 향수하여 생애 무난평길의 수이다.

(4) 4수(四數)

① 1+3=4, 2+2=4 등 음양 편중으로 조화를 이루지 못하고 2수 보다 더 많이 분리 및 분열 작용한다.

② 4수는 생수중 가장 흉한 파멸의 수로 사(死)로 통한다.

③ 만물사멸. 일일이 흩어지고 파괴되며 일시 성공하나 중도 실패하여 패가망신 · 객지수심 · 고독 · 질병 · 단명 · 조난 · 변사 · 형액 · 부부자녀 생이사별하는 대흉수이다.

④ 4자(四 字) 자체를 성명에 쓰면 절대로 안된다.

⑤ 구충제. 살충제. 소독제. 화약제품 등에는 사(四)소리가 작동할수록 좋다.

⑥ 장애물 제거시 4일을 택하여 시행하면 좋고 분리. 분파를 요할 때도 또한 같다. 4수중 24수만 제외하고 전부 나쁘다.

⑦ 14수는 매사를 쉽게 성취하고 상당한 지위와 가계를 수립하나 일시적인 성공일 뿐이며 특히 가정적 파란을 야기하여 부부자녀와 생이별하거나 사별하며 실패. 고난. 병약 등이 흉운의 수이다.

⑧ 24수는 지모재략의 출중과 불굴의 노력으로 성공하여 큰일을 완수하고. 공명 천하하는 대길수로 특히 무에서 출발하여 점차 축재, 부귀, 영화를 누리는 생성 대길운의 수이다.

⑨ 34는 파란이 속출하여 만사가 저해되며 불측의 화난을 초래하는 수로 일시적인 성공도 실패로 끝나 가족은 헤어지고 형화, 광증, 패가

망신등 흉운이 속출하는 수이다.

⑩ 44수는 요괴가 발동하여 일마다 방해하고 망상이 생기며 일시적 성공도 일조에 파멸 · 제사연패 · 병난 · 불구 · 발광 · 피살 · 급변 · 단명 · 가족 이산 등 흉운의 수이다.

⑪ 54수는 강한 운성 때문에 일시 성공하나 모든 노력이 허사가 되고 운로가 불행하며 고난과 우환이 끊이지 아니하고 망신 · 형화 · 불구 · 횡사 등 흉운을 초래하는 흉수이다.

⑫ 64수는 가을풀이 서리를 맞은 격으로 운기 쇠진하여 좋은 계획도 모두 실패한다. 재난 · 병난이 끊이지 아니하고 패가망신 단명 등의 흉운의 수이다.

⑬ 74수는 무지무능 우매지상으로 제사 불행 한 가지 일도 이루지 못하고 , 무의 도식, 역경 봉착, 신고로 탄식하는 운의 수이다.

(5) 5수(五數)

① 1+4=5, 2+3=5 로 음양의 배합수, 중앙수, 목, 화, 금, 수의 조절수, 중절수 ,중심수, 통솔수로 생수 중 가장 좋은 수이다.

② 사방을 통솔조절하는 만인지상의 운을 가진 수로서 웅지를 펼쳐 크게 성공, 이름을 떨치며 지덕을 겸비하여 재록과 권위가 쌍전하는 대길운지수다. ※. (五→ 午 → 豊)

③ 번영하고 덕망이 있는 팔방미인으로 많은 사람의 선망의 대상이 된다.

④ 방만성, 독존성 등 남을 능멸하는 마음을 항상 스스로 경계해야 한다.

⑤ 15수는 부귀와 지덕을 겸비하여 자립 대성하며 상하신망과 중인의 추앙을 일신에 집중, 지존의 위치에 오를 수이다.

⑥ 25수는 제사형통하여 명예와 재록을 다 갖춘 대길 수로 특히 재운이 풍성함. 단 항상 말을 조심해야 한다.

⑦ 35수는 근면·충직·성실하게 인생을 영위하여 태평,안정, 부귀, 장수하는 행운의 대길수이다 (※ 특히 여성은 현모 양처의 대길운의 수이다).

⑧ 45수는 뛰어난 지혜와 큰덕으로 모든 일이 형통하여 일세에 명성을 떨치고 영예는 비길대가 없을 정도임. 특히 선견지명으로 만인의 사표가 되고 지도적 지위에 군림하는 대 길운지수임

⑨ 55수는 불비미달한 불안한 수로 외화내빈·표리부동·이별·비애 등 수난의 운수임

⑩ 65수는 모든일이 뜻과 같이 잘되고 나날이 기세가 올라가며 금옥이 뜰에 가득한 대길운의 수임

⑪ 75수는 때를 만나 항시 화평하고 부귀영화를 누리고 이름을 떨치는 좋은 운의 수임. 분수를 지키는 것이 좋고 모든일을 급하게 진취적으로 추진하면 실패함

(6) 6수(六數)

① 6수는 확고부동한 조업 또는 사회적 대업을 성취하고 덕망과 인화로 신임을 획득하여 이름을 사해에 떨친다.

② 부귀영달의 길운지 수이다.

③ 16수는 강·유겸전하고 인망과 재록이 풍성하여 오복을 초래하

는 수 이다 (※ 특히 여성은 현모양처 수이다).

④ 26수는 영웅 수령의 위치에 군림하나 말로에 조난, 형액, 변사, 화난 불면, 가족과 생사이별의 흉운의 수, 불세출의 쾌걸 · 패권자 · 부호 · 열사 등 특출한 대인물을 배출하는 수이기도 하다 (※ 여성은 극부, 상부지운의 수이다).

⑤ 36수는 정의 호걸의 영웅운으로 파란곡절이 심하고 다난. 불안하며, 만인이 흠앙하는 권세에 이르나 대변동과 극쇠를 내포한 희비쌍곡이 유전하는 무상의 운수이다.

⑥ 46수는 육친무덕, 만사 여의치 않아 비탄에 빠지고 심야 공방, 정신력 결핍, 인고와 병약, 단명 등 흉운의 수이다.

⑦ 56수는 변전 무쌍, 심신 박약, 모든 일에 장애가 많아 이루기 어려워 한탄하며 패가 망신하는 흉운의 수이다.

⑧ 66수는 암야행인 실등격(暗夜行人 失燈格)으로 전도 암담, 진퇴양난, 재난 속출, 가정 불안. 병약, 곤고 등 흉운의 수이다.

⑩ 76수는 전반은 제반일이 중도 좌절되는 등 불길운이 있으나 점차 생활 기초 확립하여 후반에 평복을 누리는 운의 수이다.

(7) 7수(七數)

① 강건한 심신과 불요불굴의 인내성으로 대업을 성취하여 많은 사람의 추앙을 받는 강세의 운수이다 (※ 여성은 일가부양, 사회 참여 활동하다).

② 17수는 큰 뜻을 품고 재난을 극복, 매진하여 초지 관철로 자립 대성 이름을 떨치고 많은 사람의 존경을 받을 운의 수이다 (※ 여성은 사

회 진출운의 수이다).

③ 27수는 큰일을 이룩하여 명망과 권세를 일세에 떨치며 부귀영화를 누리나 대개 중도좌절로 실패, 조난, 형액(刑額), 불구, 단명, 부부상별(相別), 성쇠흥망이 중첩하는 운의 수이다.

④ 37수는 강인하고 호쾌한 과단성으로 능히 천하의 난사를 선도처리하여 큰일을 성취하고 명성이 사해에 떨칠 대길운의 수이다.

⑤ 47수는 권세와 이름을 크게 떨칠 길운의 수로 모든 일이 순조롭게 발전하고, 재산이 풍성하고, 특히, 자손에 경사가 있는 대길운의 수이다.

⑥ 57수는 시운과 세력을 얻어 모든 일이 형통하고 성공, 영달하여 이름을 떨치고 재물을 얻는 대길운의 수이다..

⑦ 67수는 자수 성가, 목적 달성, 자손 효도 등으로 부귀 · 행복 · 향수의 대길운의 수이다.

⑧ 77수는 전반은 성공,발전하여 일가 안정을 유지하고 사회적 기초를 확립하나 후반기의 운은 길흉반반의 운의 수이다. 만약 그렇지 아니하면 전반기는 흉하고 후반기는 길한 운의 수이다.

(8) 8수(八數)

① 의지 강건하여 초지일관하는 기백과 신념으로 장애를 극복하고 대사를 성취, 입신양 명하는 운의 수이다. 특히, 여성은 사회 활동, 일가 부양하는 수이다.

② 18수는 일시적인 난관에 봉착하더라도 강한 의지로 대업을 수행하여 부귀 영달하고 많은 사람의 존경과 상당한 지위에 올라 이름을 떨칠 대길운의 수이다. 여성은 사회 활동하는 수이다.

③ 28수는 파란곡절이 심한 조난운으로 일시적 성공영달은 수포로 돌아가고 가정적 파란이 심해, 부부자녀간의 상별, 형액, 변사, 불구 육친무덕 등 흉운의 수이다 (※ 여성은 과부가 많다).

④ 38수는 천재적이고 명석한 두뇌로 문학 · 예술 · 발명 등 선진적 인물로 입신양명 평길한 운의 수이다.

⑤ 48수는 사통팔달의 지각자로 천하를 통찰하여 만인을 선도하고 제도중생, 탈속하는 영달의 대길운의 수이다..

⑥ 58수는 길흉상반하는 운으로 초년은 실패하나 인내와 노력으로 한 번의 큰 어려움을 이기고 성공 영달하여 일가를 재흥하고 복록과 영화를 누릴 수 있는 만년 길운의 수이다.

⑦ 68수는 사물에 대한 예리한 관찰로 창작, 발명으로 대성을 기하여 전진 발전하며 가정의 기초를 튼튼히 하여 행복을 향수하는 길상운의 수이다.

⑧ 78수는 전반은 성공발전하여 편안하게 지내나 중도 이후 약간 쇠퇴하는 운의 수이다.

(9) 9수(九數)

① 9수는 달이 차면 기울듯이 종국지운의 수로 부귀 영달하나, 중도 좌절하여 비참한 환경에 빠진다. 조난 · 형액 · 폐질 · 불구 등 흉운 초래 · 대재 무용격의 운수이다. 단 9수가 중복되면 양호하다.

② 19수는 뛰어난 지모로서 대업을 성취할지라도 일시적 성공일뿐 중도실패, 육친무덕, 처자의 생사이별, 형액, 조난, 단명, 과부 등의 흉운의 수. 중복시 양호하다.

③ 29수는 왕성한 활동과 투지로 성공하여 부귀 장수 행운을 향수하는 길수로 상당한 지위와 명망을 얻을 수 있는 운의 수이다.

④ 39수는 지덕을 겸비하여 일단 때를 타면 파죽지세로 대성, 부귀영화와 권위가 왕성한 극귀의 길운인 반면 흉운이 내포되어 있어 선천운과 조화되어야 한다.

⑤ 49수는 일시 성공, 일시 실패하는 길흉 변화 상반하는 운으로 길 즉대길하고 흉변하면 대흉으로 전락하는 운의 수이다.

⑥ 59수는 의지박약, 인내력 부족, 제사 불성으로 재앙 속출, 역경에 빠져 가산 망실, 조난 등 비운의 흉수이다.

⑦ 69수는 사물의 종말로 모든 일의 정지 조난, 질병, 불구, 단명 등의 흉운의 수이다.

⑧ 79수는 만물의 종국수로 운기쇠퇴 제반사 실행불능, 임종 시기를 기다리는 운의 수이다.

(10) 10수(十數)

① 10수는 제사선계(諸事善計), 다재다능하나 일시성공, 중도좌절, 육친무덕, 병약조난, 형액, 처자 생이사별, 중년 요절 등 불운 초래 수이다. 단, 차수가 중복되면 장수, 대귀, 대부호 등의 인물이 희유하게 배출.

② 20수(二十數)는 일시 성공하나 중도실패, 심신허약, 육친무덕, 부부자녀간 생, 이사별, 형액, 변사 등 흉운의 수이다.

③ 30수(三十數)는 매사 확정치 못하고 수난, 일확천금허사, 일정 직업 전공하면 소성은 기하나 돌연 의외의 방향으로 발전하는 등 길·흉 상반의 수이다.

④ 40수(四十數)는 조업 고수난, 투기 허욕 등으로 폐가망신의 수. 선덕, 보시에 수도하면 길운이 온다.

⑤ 50수(五十數)는 운성 혼미, 의지 박약, 자주성 결여로 일시 성공하나 공허실의로 패가 망신, 병난, 고액 등을 야기하는 운의 수이다.

⑥ 60수(六十數)는 창해에 일엽편주격으로 화난 불측, 실패, 곤고, 형액, 병약 등의 흉운의 수이다.

⑦ 70수(七十數)는 암야에 마귀 발동, 흉사 중중, 형제 불화, 형액, 불구, 횡액, 단명 등 흉운의 수이다.

⑧ 80수(八十數)는 천지 제운수의 종결, 평생 고난, 재액 연속, 운기 쇠잔, 병마 등 흉운의 수이다.

제 11 장

명당(明堂)과 풍수

1. 진성 이씨 시조묘(眞城李氏 始祖墓)

경북 청송군 진보면 진안동에 비봉산(飛鳳山)이 높이 솟아 있다. 이 산이 진보면 소재지의 진산이다. 이 산자락에 진성 이씨 시조묘가 있다. 이곳에 진성 이씨 시조묘를 쓰게 된 까닭에 대해서는 다음과 같은 이야기가 전해져 오고 있다.

옛날 이곳 현감으로 부임한 분이 풍수지리에 대한 조예가 깊었다고 한다. 현감은 틈날 때마다 관내 산천을 두루 돌아다녔다고 한다. 하루는 비봉산에 올라 이곳저곳을 관산하다가 한 곳에 이르러 수행한 현리 (縣吏)인 이씨(李氏)에게 달걀 1개를 구해 오라고 명하였다. 이씨가 하산하며 궁리하다가 썩은 달걀 1개를 가지고 왔다. 현감이 달걀을 그곳에 땅을 파고 묻어 두라고 하여 그렇게 하였다고 한다. 그 이튿날 현감이 다시 비봉산에 올라가서 묻어 둔 달걀을 파보았는데 달걀이 썩어 있자 자기가 산을 잘못 보았다고 하며 하산해버렸다. 그러나 현감을 수행했던 현리 이씨는 그곳을 눈여겨 두었다가 자기 아버님을 그곳에 모시기로 작정하였다.

얼마 후 현감은 서울로 영전되어 내직으로 들어간 후 현리 이씨가 자기 아버지 묘를 비봉산에 달걀을 묻어 두었던 곳에 쓰기로 작정하고 광중을 하고 하관하였으나 어인 일인지 관이 땅 위로 솟아올라와 묘를 쓰지 못하고 그 길로 상경하여 옛 현감을 찾아 뵙고 시정을 이야기하고 죄를 청했다고 한다. 그러나 현감은 큰소리로 웃은 뒤 그러면 그렇지 내가 산을 잘못 본 것이 아니구먼 하고 잠시 생각에 잠기는 듯하더니 그 명당은 대관의 터로 무관은 그곳에 장사 지낼 수 없다고 하면서 자기의 구관복 한벌을 내어주며 관위에 이 관복을 덮어서 하관하라고 일러 주었다. 현리 이씨는 백배사죄하고 급히 귀향하여 관복을 관 위에 덮고 하관하니 관이 솟아오르지 않았다고 한다.

이 명당에 산소를 쓴 후 자손이 날로 번창하고 퇴계 선생과 같은 세계적인 석학이 배출되기도 하여 오늘날까지 그 명성이 이어져오고 있다. 이와 같은 진성 이씨 가문의 영광은 모두 이 비봉산에 있는 진성 이씨 시조묘 때문이라고 이곳 사람들은 이야기하고 있다.

2. 걸승과 전의 이씨 시조묘(全義 李氏 始祖墓)

충남 공주 금강 변에 전의 이씨 시조묘가 있다. 가난하고 착한 이씨가 금강 변에서 사공으로 근근이 살아가고 있었다. 그러나 그는 가난한 사람들에게는 언제나 뱃삯을 받지 않아 인근 주민은 물론 거지들까지 그를 따르고 존경해 오고 있었다.

하루는 남루한 차림의 스님 한 분이 나타나더니 급히 강을 건너가자고 했다. 사공은 스님을 태우고 강을 건너갔다. 그런데 어이된 일인지 강기슭에 내린 스님은 다시 배에 올라타고는 건너편으로 되돌아가자는 것이었다. 사공 이씨는 다시 왔던 길을 배를 저어 되돌아왔다. 스님은 다시 또 강을 건너자고 하여 아무 말 없이 또 강을 건너기를 몇 번이고 스님이 하자는 대로 건네 주었다.

그랬더니 스님이 사공 이씨에게 크게 탄복한 뒤 묘자리 하나를 일러 주며 이곳은 천하에 대명당인데 먼훗날 어떤 자가 나타나 묘를 이장하라고 할 것이니 아주 파지 못하도록 석회로 단단히 묻으라고 이르고 다음과 같은 글을 돌에 새겨 묻으라고 하였다. '남래요사 박상래 단지일절지사미지만대영화지지(南來妖師 朴相來 單知一節之死未知萬代榮華之地)' 사공 이씨는 스님이 일러준 강 건너편 산 중턱에 자기 아버지의 묘소를 마련한 뒤부터 자손이 번창하고 부귀해지면서 마침내 전의 이씨가 명문가(名文家)로 이름을 떨치기 시작했다고 한다.

그리고 세월이 흘러 100여 년이 지나간 어느 날 스님의 예언대로 박모라는 지관이 나타나 묘자리를 둘러보고는 이 자리는 주산에서 내려오는 맥이 끊겼기 때문에 일시적인 발복이 있을지 모르나 앞으로 일족이 멸망할 흉지이니 이장해야 한다는 것이었다. 지관의 말을 들은 후손들이 이장을 결심하고 파묘코자 했으나 너무나 단단히 묻었기 때문에 봉분 일부를 걷어내는 데 만 꼬박 하루가 걸렸다. 그런데 일부 걷어 낸 봉분 속에서 지석이 나온 것이다.

지석에 이르기를 남쪽에서 괴상한 지관 박씨가 와서 이곳을 흉지라고 하면서 이장을 권유하더라도 따르지 말라는 것이었다. 후손들은 선조의 경구에 감탄하고 이장하지 아니하고 그 자리에 그대로 두게 되었는데 그 후 전의 이씨는 더욱 번창하여 예안 이씨(禮安 李氏)가 분파되는 등 오늘에 이르게 되었다고 한다.

3. 군 관아에 암장된 한산 이씨(韓山李氏) 시조묘

옛날 가난했던 한산 이씨의 조상은 한산군 관아에서 일하면서 근근히 살아가고 있었다. 그러던 중 어느날 이상한 일이 일어났다. 그것은 다름 아니고 관아 건물의 중앙 마루 바닥의 널판이 매년 썩어서 새 널판으로 바꾸어 깔아야 했다. 이 사람은 이것을 이상히 여기고 인근의 어른들을 찾아가서 물어 보았더니 관아터가 대명당으로 지기가 왕성한 곳이며 널판이 썩는 것은 땅 속의 생기(生氣)가 흘러 넘쳐 새어 나온다는 말을 듣고 생각하였다, 이렇게 지기가 왕성한 곳에 조상을 매장한다면 반드시 크게 발복을 받을 것이란 생각으로 자기 조상의 뼈를 남몰래 중앙 마루 밑에 깊이 암장하였다.

그 뒤 한산 이씨 집안에 학자와 고관대작 등 많은 인재가 배출되고 자손도 번창하였다. 그 뒤 관아 마루 바닥 밑에 한산 이씨 조상이 암장된 사실이 알려져 처벌을 받고 이장해야 하는 형편에 처하게 되었다. 원래 관아 내에는 금장지(禁葬地)로 되어 있기 때문이었다.

그 당시 한산 이씨 후손인 목은(牧隱) 이색(李穡)이 조상의 무덤을 옮기는 것보다 관아를 옮겨 세우도록 상소하여 왕의 허락을 받고 자비로 지금의 면사무소 자리로 관아를 옮겨 지었다고 한다. 현재 이 묘의 묘비에는 '고려호장 이공지묘(高麗戶長 李公之墓)'라고 쓰여 있다.

4. 고관대작과 대통령을 배출한 윤득실의 묘

충남 아산군 음봉면에 윤득실(尹得實)의 묘가 있다. 윤득실은 의정부 공찬(共贊)을 지내다 아산으로 낙향하여 마을 청년들을 가르치는 훈장을 하면서 농민들과 함께 소일하며 비록 가난했지만 행복하게 열심히 살아가고 있었다. 그의 아들 또한 반듯하고 착하게 자라 이웃 어른들은 물론 주변에서 칭찬이 자자하였다.

하루는 이웃 마을에 볼 일이 있어 갔다가 집으로 돌아오고 있었는데 눈보라가 치는 몹시 추운 날씨 때문에 앞이 잘 보이지 않았다. 윤씨가 동네 어귀 다리목에 이르렀을 때 다 헤어진 누더기를 걸친 스님이 추위에 떨며 신음하고 있는 것을 보고 스님을 업고 집으로 들어와 옷을 갈아 입히고 더운 물로 손발을 닦아 주며 팔다리를 주물르는 등 극진히 간호하여 마침내 스님은 기력을 회복하게 되었다.

윤씨는 스님이 겨울을 나는 데 불편함이 없도록 방을 항상 따뜻하게 하여 없는 살림에 성의껏 보살펴드렸다. 어느덧 겨울이 지나고 봄이 되어, 하루는 스님이 주인을 불러 하는 말이, "이제 몸도 좋아졌고 날씨도 화창한데 마냥 이렇게 신세만 지고 있을 수 없으니 떠나려고 하는데 그동안 주인댁의 정성에 가진 것이 없어 보답할 길이 없습니다." 하며 "다만 주인댁에 묘터 하나라도 잡아주고 가겠읍니다."고 하고는 집을 나섰다. 윤씨는 스님을 극구 만류했으나 듣지 않으므로 할 수 없이 스님을 따라 산에 올랐다. 스님은 사방 산세를 둘러보고 하는 말이,

"이산의 조산(祖山)은 저기 높이 솟은 화방산(花芳山)이지요. 무수한

산봉우리들이 마치 피어오르는 구름떼 모양으로 이 산을 에워싸며 호위하듯 둘러 있고, 이 산맥이 마치 비룡상천하듯 힘차게 내밀고 있는 맞은편의 저 산은 조산(朝山)으로 일명 오봉산이라고도 하는데 마치 촛불을 켜서 하늘을 비치고 있는 형상으로 바로 이곳이 드문 명당입니다." 하고는 우리가 서 있는 이곳에 아바지 묘소를 쓰라고 하였다.

스님의 말을 듣고 난 윤씨는 깜작 놀라지 않을 수 없었다. 이 산은 덕수 이씨의 종산으로 바로 이 산을 넘으면 반대편에 충무공 이순신 장군의 산소가 있고, 더구나 이 산은 사패지지(賜牌之地)로 장차 돈이 있어도 살 수 없는 땅이기에 더욱 기가 막혔다. 낙심하고 있는 윤씨를 보고 스님은 의외로 간단한 방법을 일러 주었다. 그리하여 윤씨는 아버지 윤득실 씨를 이곳에 산주인 몰래 암장(暗葬, 봉분없는 평장) 하였다.

뒤에 산지기가 이를 알고 속히 이장하라고 하여 몇 번인가 묘를 팠다가 다시 묻고 하는 사이에 차차 묵인되어 그대로 두었다. 그 뒤 한말, 일제 초기에 이 묘지에 봉분을 만들어 묘지의 모양을 갖췄다. 윤씨는 아버지를 이곳에 모신 뒤부터 차차 살림이 늘어나고 하더니 서울과 온양에 큰집을 짓고 군부대신과 학부대신 등 고관이 속출하였다. 서울특별시장을 역임한 윤치영, 서울대학교 총장을 역임한 윤일선 씨 등 모두 그 자손이다. 더구나 대통령을 지낸 윤보선 씨까지 모두 이 산소의 지기를 받은 후손들이라 하니 가히 짐작할 만한 명당이 아니겠는가. 모든 물건에 따로 주인이 있는 것과 같이 천하의 명당은 반드시 그 주인이 따로 있다고 한다.

5. 흰소[白牛]피와 준경묘(濬慶墓)

강원도 삼척에 준경묘가 있다. 이 묘는 태조 이성계의 5대조인 이양무(李陽茂)의 묘소이다. 이성계의 4대조인 이안사(李安社, 뒤에 목조로 추증되었다.)가 조상 대대로 살아온 고향 전주(全州)를 떠나 강원도 삼척까지 가서 근근이 살아가고 있었다. 그는 이곳 객지에서 부친상을 당했으나 장지를 구하지 못해 걱정만 하고 있었다. 하루는 스님 한 분이 그곳을 지나다가 이안사를 만나 이야기하던 중 이씨가 부친상을 당해 장지를 구하지 못해 걱정만 하고 있다는 사실을 알고 묘자리를 하나 잡아 주겠다고 하여 스님을 따라 나섰다. 스님은 산에 올라 이곳저곳을 살펴보다가 한 곳에 이르러 걸음을 멈추고 한참 동안 건너편을 응시하더니 스님이 서 있는 곳이 바로 명당이라 하였다.

이곳에 산소를 쓸 때에는 백소를 잡아 혈 주위에 피를 뿌리고 금관을 구하여 장사지내야 한다고 이르고는 가버렸다. 이와 같은 스님의 말을 들은 이안사는 묘지를 구했다는 기쁨보다는 걱정이 앞섰다. 며칠을 두고 궁리해 보았으나 방도가 떠오르지 않았다. 강아지 한 마리도 없는 살림인데 소 백 마리는 무슨 말이며 금관이 가당한 말인가!

아무리 생각에 생각을 더해 보아도 방책이 떠오르지 않았다. 하루는 처가에 들렀다가 나오는 길에 마굿간에 매어 둔 흰소가 눈에 띄었다. 그 순간 소 백마리가 아니라 흰소를 말한 것을 깨달았으나 그것 역시 대책이 없는 터였다. 그러던 중 하루는 작심을 하고 처가에 가서 흰소를 몰래 몰고 산으로 올라 갔다. 그 소를 잡아 피를 뿌리고 자기 아버지

시신은 금관은 고사하고 널판지도 하나 구할 수 없어 밀짚으로 엮은 거적에 싸서 묻고 야반도주하였다. 이안사는 그길로 행방을 감추고 소식이 단절되었다. 그 뒤 오랜 세월이 지난 다음에 그가 함경남도 덕원군 적전면 용주리에 살고 있다는 사실이 밝혀졌다.

태조 이성계가 조선을 건국한 후에 그의 4대조까지는 묘소를 찾아 성묘한 후 그의 아버지 이자춘(李子春)은 환조(桓祖), 조부 이춘(李椿)은 탁조(度祖), 그의 증조부 이행리(李行里)는 익조(翼祖), 고조부 이안사는 목조(穆祖)로 각각 추증하였다. 그러나 그의 5대조인 이양무의 묘소를 찾지 못해 각 지방에 영을 내려 찾던 중 삼척에 산소가 있는 것을 알았다. 이에 태조 이성계는 삼척을 부(府)로 승격시키고 삼척부사에게 관복 일습을 하사하였다.

뒤에 정조대왕이 이 사실을 알고 관복을 가져오도록 하여 확인한 결과 태조 이성계가 하사한 관복이 틀림없다는 사실을 적어 삼척으로 다시 내려보냈다고 한다. 이 관복은 삼척 김씨 종중의 가보로 종손이 보관해 왔다고 한다. 수백 년이 흘러간 지금 관복은 간 데 없지만 요대만은 남아있다고 한다. 필자가 재직시 모 문화재위원이 이 사실을 들었다고 말하면서 출장을 가서 확인해 보자는 제의를 받았으나 그때 다른사정으로 그 문화재위원과의 약속을 지키지 못한 것이 지금도 아쉬움으로 남아 있다.

6. 용(龍)의 머리, 배, 꼬리 중 어디가 진혈인가

이 마을은 원래 안동 권씨 집성촌으로 절골과 읍동, 윗마을 등 3개의 자연 부락으로 이루어진 비교적 큰 마을이다. 종가는 절골에 있는데 이 종가 오른쪽으로 진산의 일맥이 내려오다 강 앞에 드러누워 있다. 강 건너편 언덕은 요대를 두르듯 펼쳐 있고 높게 솟은 비봉산이 조산(朝山)이다. 우백호에 해당하는 와룡 머리 부분에 해당하는 곳에 비장의 혈이 있다고 하나 마을 사람들 모두가 이곳에 묘소를 쓰면 동리에 나쁜 일이 일어난다고 하여 아무도 묘지를 쓰지 못하도록 감시하고 있는 처지다.

필자의 장인은 풍수지리에 대한 관심이 남달라 여기저기에 허장도 해두고 묘표도 해두었다고 하면서 문제의 와룡 머리 부위에 암장을 했다, 안 했다는 논란이 일고 있을 정도로 심취해 있었다.

"자네는 용의 어느 곳이 진혈(眞穴)인가" 하고 물었다.

당시 문화재관리국에 근무하던 필자는 해답을 드리지 못해 고심한 일이 생각난다. 선배, 학자들에게도 물어보았으나 시원하게 말해 주는 사람을 만나지 못하고 이 분야에 공부를 다시 하면서 그당시 풀지 못했던 숙제를 풀어 보기로 마음먹었다. 1999년 수유리 전철역 부근에 동양문화연구원을 개원하고 산서(山書)를 보며 연구하다가 마침내 곽박(郭璞)이 고경(古經)의 관찰법에 의해 산형(山形)을 용으로 보고 혈(穴)을 논한 것이 있어 다음과 같이 옮겨 살펴보기로 한다.

용을 머리, 몸통, 꼬리 등 3개 부분으로 나누어 살펴보자. 머리에는 눈, 코, 이마, 입, 뿔이 있고, 몸통에는 등줄기와 배(배꼽 부위), 옆구리가 있다. 위의 머리 및 몸통 부위를 제외하고 내맥(來脈)이 주산에서 흘러오다가 갈지(之)자나 현(玄)자 모양으로 굽이치는 부위가 꼬리 부분이라 할 수 있다. 용의 혈처 중 진혈과 기혈을 살펴보면 다음과 같다.

① 용의 머리 중앙에 있는 이마나 코 부분은 용의 얼굴 중앙에 위치하여 가장 좋은 혈처로 본다.

② 귀 부분은 활시위에 화살을 끼운 상태로 아주 귀한 혈처로 본다. 자손 중에 왕후가 배출된다는 진혈이다.

③ 용의 눈이나 뿔 부위는 모두 혈을 빗겨 한쪽으로 치우쳐 있으므로 혈이 될 수 없다. 이 부위에 정혈하게 되면 자손이 멸망할 수 있는 기혈이니 주의하여야 할 것이다.

④ 입술 부위는 바깥으로 얕게 노출되어 있어 적의 공격을 쉽게 받아 상하거나 죽을 수도 있는 흉한 곳이니 절대로 정혈해서는 안 되는 부위이다.

⑤ 배 부위는 중간이 부풀어 올라 깊이 굽은 배꼽 근처가 대길지로 대부대귀(大富大貴)하는 길혈이다.

⑥ 가슴과 옆구리 부위는 절대로 상하게 해서는 안 된다고 한다. 만약 이 부위에 정혈하면 일족이 멸문지화를 당한다고 하니 반드시 명심해야 할 것이다.

7. 율곡(栗谷)선생 가족묘의 특이한 배치 사례

필자가 최근 파주에 있는 율곡 이이(栗谷 李珥)선생의 묘소를 참배한 일이 있다. 율곡(중종 31년(1536)~선조17년(1584) 선생은 조선조 중기의 대학자로 시호는 문성(文成)이고 율곡은 그의 호이다. 본관은 덕수(德水), 강릉에서 태어났으며 1564년 호조좌랑으로 시작하여 대사간, 대사헌, 호조판서, 대제학, 우찬성, 병조판서, 이조판서 등을 역임하였다. 그의 사상은 기발이승일도설(氣發理乘一途說)로 대표되며 퇴계(退溪) 이황(李滉) 선생의 이기이원론(理氣二元論)에 이설을 제기하여 우주의 본체는 이기이원(理氣二元)으로 구성되어 있다는 것을 인정하나 이(理)와 기(氣)는 공간적으로나 시간적으로나 분리되거나 선후가 있는 것이 아니라고 보았다. 따라서 이(理)와 기(氣)는 최초부터 동시에 존재하며 영원히 떨어질 수 없는 것이어서, 이(理)는 우주의 체(體)요 기(氣)는 우주의 용(用)이라 주장하였다.

그는『동호문답 (東湖問答)』,『성학집요(聖學輯要)』,『인심도심설(人心道心說)』,『시무육조소(時務六條疏)』,『만언봉사(萬言封事)』등 명저와 국가 부흥 정책을 제시하였고 기호학파를 형성, 후세 학계에 큰 영향을 끼쳤다. 사후에 문묘에 모셔졌고, 황해도 백천에 문회서원(文會書院)과 경기도 파주의 자운서원(紫雲書院)에 배향되었다.

그런데 파주군 율곡면 두문리 자운산에 있는 선생의 기족 묘지를 둘러 보았는데 맨 윗쪽에 선생의 배위(配位)인 정경부인 곡산 노씨(盧氏)의 묘가 있고, 바로 그 아래 율곡 선생 묘, 그 아래에 부모의 합장 묘가 있고, 그 아래에 율곡의 형과 형수의 합장 묘가 있다. 또 그 아래에 자매의 묘가 그들의 남편과 같이 합장되어 일렬로 조성되어 있다. 율곡은 자기 부모의 묘소 위에 있고 부인인 곡산 노씨 정경부인은 남편인 율곡과 시부모 묘소 위에 배치되어 있어 일반 풍수설이나 가례에 어긋난다는 느낌이 들었다.

또 다른 경우이지만 이와 비슷한 일로 고 윤보선 대통령의 신후지지(身後之地)가 충남 아산군 유봉면 동천리 선영에 있다. 맨 윗쪽에 윤대통령이 신후지지로 잡아두었다가 그의 묘소가 조성되었고, 그 다음이 유명한 윤득실의 묘소가 있고, 그 아래에 윤보선 전 대통령의 부모가 합장된 윤치소의 묘소가 자리잡고 있다.

이와 같이 윤보선 전 대통령의 묘소가 발복한 선영의 윗쪽에 있어 풍수론자들의 의견이 분분하다. 조상의 윗쪽이라서 안 된다는 사람이 있는가 하면 후손이라도 직위가 대통령이므로 옛날 왕조시대의 왕과 같으므로 당연히 윗쪽에 모셔야 한다는 주장도 있다. 그러나 공조례(公朝禮)에는 임금을 높여야 하기 때문에 아무리 백부, 숙부일지라도 모두 신하의 예로써 행하지만, 다만 친부(親父)는 신하로서 대할 수 없는 것이다.

가인(家人)의 예는 존속을 중요시하기 때문에 임금도 아버지나 형의 밑에 앉는 것이니 효혜(孝惠, 한나라 고조의 적자인 유영을 가르킴)가 즉위 2년(B.C.193년) 제왕(齊王) 유비(劉備)가 입조하자 효혜제(孝惠帝)는 군신간의 예의를 쓰지 않고 가인의 예로 대하여 섰다고 한다.(史記卷52, 齊悼惠王世家)하는 예를 보더라도 위와 같은 묘소의 배치 사례들은 모두 일반적인 가례에 맞지 않는 묘제라 할 수 있다.

황해도 은율면 남천리에 남양 홍씨 세장지(世葬地)가 있다. 이곳은 구월산의 지맥이 동남방으로 우회하여 우뚝 솟은 남산이 남천평야를 건너 구월산에서 동북쪽 방향으로 서서히 내려와 회룡고조(回龍顧祖)의 격을 이루고 그 앞으로는 남천의 조수를 받아 옥녀 탄금형(玉女彈琴形)의 명혈이라 한다. 묘분은 조묘(祖廟) 2기가 나란히 있고 그 아래 수십기의 자손묘가 계단식으로 들어서 있다.

이 조묘의 후손들 중에는 현신(賢臣)이 속출하고 조선조 24대 헌종의 왕비 홍씨도 그의 후손이며 지금도 명현 거부가 끊이지 않고 이어져 내려온다고 한다. 그런데 이 조묘 남쪽에 묘를 쓴 자손은 불효불경의 죄로 모두 가운이 절멸해 버렸다고 한다.

8. 하회(河回)마을과 풍산 유씨(豊山 柳氏)

우리 나라 중요민속자료(重要民俗資料) 제122호로 지정된 하회마을은 경상북도 안동군 풍천면 하회리에 있다. 이 마을의 지형은 풍수지리상 태극형(太極形) 또는 연화부수형(蓮花浮水形), 행주형(行舟形) 또는 다리미형 등으로 불리워지고 있다. 이 마을 동쪽으로 태백산맥의 지맥인 해발 271m의 화산(花山)이 있고, 남쪽으로는 화천(花川)을 사이에 두고 영양의 일월산(日月山)지맥인 남산(南山)이 있다.

서쪽 또한 일월산 지맥인 원지산(遠志山)이 있고 북쪽은 화천 대안(對岸)으로 부용대(芙蓉臺)의 암벽이 절경을 이루고 있다. 특히 동쪽에 있는 화산의 줄기가 이 마을 깊숙이 뻗어 내려와 사람의 손등과 같은 아주 낮은 구릉형상(丘陵形相)을 이루고 구릉의 골을 따라 마을과 농지와 길이 뚫려져 있다. 대부분의 주택들은 중앙 능선을 등지고 외곽으로 향해 세워져 있으므로 동서남북으로 고르게 좌향이 배치된 해발 90m의 전형적인 배산임수(背山臨水)의 마을이다.

이 마을은 주거 풍수상 재미있는 이야기가 전해지고 있다. 낙동강 상류인 이 곳은 하천이 동남에서 들어와 서남으로 우회하여 휘감아 안고 있는 원형의 마을이다. 하안(河岸)에 가까운 곳은 행주형(行舟形)이고 마을 가운데서 보면 연화부수형(蓮花浮水形)이라 할 수 있다.

풍수이론으로 볼 때 행주형은 돛대와 키, 닻을 구비하면 좋고 이것이 구비되어 있지 않거나 우물을 파서 배에 물이 들어오는 형상이면 멸망한다고 하고, 연화부수형은 꽃과 열매가 한꺼번에 구비된 곳으로 자손이 번창하고 큰 인물이 배출된다고 한다. 그러나 향기롭고 아름답고 고고한 자태의 연꽃은 물 밖(水外)이나 물 안(水中)에서는 피지 아니하고 물 위(水面)에 곱게 떠서 꽃을 피우기 때문에 집터가 수면보다 너무 높거나 너무 낮거나 하면 좋지 않다고 한다.

처음 이마을에 허씨(許氏)와 안씨(安氏)가 하안에 살았다고 하는데 처음에 허씨가 먼저 와서 살았고, 다음에 안씨가 와서 살았다. 그리고 나중에 류씨(柳氏)가 온 것이다. 이 마을에는 이곳에 사는 사람의 외손의 땅이 된다는 속설이 있다. 이 속설과 같이 안씨가 허씨의 외손을 낳자 허씨가 한 집 두 집 이 마을을 떠나고 류씨가 들어와 안씨의 외손을 낳자 안씨 또한 한 집 두 집 이 마을을 떠나 자취를 감추고 류씨만이 남아 날로 번창하게 되었으며, 오늘날 300여호나 되는 동성(同姓)부락으로 명문의 후예답게 마을을 지키고 있다.

즉, 허씨와 안씨는 이 마을이 행주형임을 모르고 하안(河岸)에 살면서 비보(裨補)하지 아니하고 살다가 망한 사례이고 류씨는 허씨와 안씨가 살던 구거(舊居)인 하안을 버리고 중앙지대에 새롭게 자리를 잡아 연화부수형의 중심에 기거하게 되었고 또한 수면과 비슷하게 집터를 정했기 때문에 일족이 번성하고 서애(西涯) 유성룡(柳成龍)과 같은 큰 인물이 배출되었다.

9. 경주(慶州) 반월성과 최부잣 집

경주의 지형을 보면 동북으로 형산강(兄山江)의 대상평야(帶狀平野)가 영일만에 이르렀고 동남으로는 남천(南川)을 끼고 지구대 평야(地溝帶平野)가 울산만에 이어졌고 서쪽으로는 금호강 평야를 향해 모량천(毛良川)의 좁고 긴 평야가 연결되어 있어 경주는 이들 3개의 대상평야가 교차하는 곳에 자리잡아 넓은 평야와 편리한 교통으로 천년 왕도의 영화를 누릴 만한 지역이다.

경주 시가지를 중심으로 동에는 명활산(明活山), 서에는 옥녀봉(玉女峰), 선도산(仙桃山), 남에는 남산(南山), 북에는 소금강산(小金剛山)이 사방으로 둘러싸서 분지를 이루고 이 분지 속을 서천(西川), 북천(北川), 남천(南川) 등 세 갈래의 냇물이 시가지의 둘레를 흐르고 있다. 경주가 한창 번성했던 통일신라 때는 1,360개 마을에, 호수는 178,900호, 인구는 약 백만 명에 달했으며 동서 20리, 남북 30리가 도심지였다니 지금 경주의 10배가 넘는 대도시가 되는 셈이다.

경주의 주산은 토함산(土含山)이고 진산은 낭산(狼山)이고 반월성(半月城)이 중심혈이다. 이 반월성은 흙과 돌로 쌓은 반달모양의 토성이다. 101년 파사왕 때 만들어진 왕성으로 동서의 길이가 800m, 높이 10~18m가 된다. 반월성 옆에 계림(鷄林)이 있고 계림 옆 교동(校洞)에는 경주 향교와 최부잣집이 있다. 계림 서쪽에는 김유신 장군이 살던 집터와 우물인 재매정(財買井)이 있다. 또한 계림에서 남천을 건너가면 오릉(五陵)이 있다. 이렇게 볼 때 경주는 반월성을 중심으로 교동 일대가 주거의 중심지였음을 알 수 있다. 안산은 선도산이고 백호는 금강산, 청룡은 금오산이 된다. 형산강은 경주의 허리를 휘감아 흐르는 요대수(腰帶水)이다.

9대 진사, 9대 만석꾼으로 소문난 최부잣집은 토함산에서 내려온 기(氣)가 낭산을 거쳐서 반월성을 이룬 뒤 계림 앞에서 작은 산을 만들고, 좌우로 구릉을 이루고, 안산은 금오산 앞의 작은 산으로 조산(朝山)인 금오산과 조화를 이루고 있다. 집 앞은 남천이 감싸듯 동에서 서쪽으로 흘러 형산강과 만나고 서쪽의 망산(望山)이 거대한 창고 모습을 띠고 있어 부호가 머물 수 있는 명당이라 한다. 이 집은 남향에 대문도 남향이고, 주방은 동쪽, 화구(火口)도 동쪽에 있어 전형적인 동사택의 배치를 하고 있다.

이 최부잣집은 1969년 타계한 최준(崔浚) 씨가 집과 집터를 그가 세운 대구대학 재단(현 영남대학교)에 모두 기증함으로써 최씨 일가와 인연이 끊어졌으며 지금은 관리인이 살고 있다고 한다. 주인이 바뀔 때가 된 것일까, 지기가 다한 것일까?

10. 영남 최고의 명당 월성 양동(良洞) 마을

영남 지역에서 풍수 지리적으로 촌락으로 가장 좋은 명당은 경주시 강동면 소재 양동이라고 한다. 이 마을에는 월성(月城) 손씨(孫氏)와 여강(驪江) 이씨(李氏) 양 문중이 동족 집단을 이루어 세거하는 곳이다. 이 마을 또 한 안동의 하회마을과 더불어 외손(外孫)마을이라고 하는데 그 연유는 다음과 같다.

이 마을의 입향조(入鄕祖)는 월성 손씨 4세 손사성(孫士晟)의 차자인 양민공(襄敏公) 손소(孫昭, 1433~1484)로 알려져 있다. 양민공은 풍덕(豊德) 류씨(柳氏) 만호(萬戶) 류복하(柳復河)의 외손으로 그의 상속자가 되어 입향했다고 하니 아마도 이 양동마을에는 손씨보다 먼저 류씨가 살고 있었는데 월성 손씨가 외손봉사(外孫奉祀)를 하고 있었다고 보아야 하나 지금 류씨는 한사람도 살고 있지 않다.

양민공 손소는 슬하에 5남 1녀를 두었는데 그의 차남인 우제(愚齊) 중돈(仲暾, 1464~1529)은 조선 18현의 한 분으로 문묘에 배향되었다. 우제(愚齊)의 여동생이 여강 이씨 번(蕃)에게 출가하였는데 그의 아들이 회제(晦齊) 이언적(李彦迪, 1491~1553)으로 조선조 5현(五賢)의 한 사람으로 문묘에 배향된 당대의 거유(巨儒)로 바로 월성 손씨의 외손이다.

이처럼 외손이 잘된다고 해서 외손마을이라 일컬어지고 있다. 이와 같이 큰 인물을 배출한 양동 마을은 마을 북서쪽과 남동쪽에 두 개의 산봉우리가 있는데 설창봉(雪蒼峰, 성주봉(聖主峰, 109m)으로 이 봉우리들이 능선을 이루고 서쪽은 안락천(安樂川)과 면하는 절벽을 이루고 남쪽은 경주 방면에서 흘러오는 형산강이 이 마을 앞 금장에서 합류하여 동해로 흘러나간다. 서쪽 능선에서는 넓고 잘 정돈된 안강 평야를 바라볼 수 있어 더욱 아름답다.

이 양동마을을 둘러싼 능선들이 물자(勿字) 형국(形局)을 이루며 지형의 높낮이에 따라 양택이 조성되어 있는 우리 나라의 대표적인 양반마을이다. 이 마을의 총 가구수는 150여 가구로 90여 채의 전통 기와집과 80여 채의 양기와집, 50여 채의 초가집 등이 여유있게 자리잡고 있다. 또 주민들의 성씨별 분포를 보면 여강 이씨가 80여 가구, 월성 손씨가 16여 가구, 기타 성씨가 50여 가구가 거주하는 것으로 양동마을 조사보고서는 기록하고 있다.

이 마을의 중요 건물로는 무첨당(無添堂, 보물 제411호), 향단(香壇, 보물 제412호), 관가정(觀稼亭, 보물 제442호), 양동 낙선당(良洞樂善堂, 중요민속자료 제73호), 수졸당(守拙堂, 중요민속자료 제78호)이 있으며 1984년 12월 24일 월성 양동 마을 전체를 중요민속자료 제189호로 지정하였는데 이 마을 개개의 양택은 물론이지만 마을 전체의 풍수적 환경과 조선시대 상류사회의 주거문화를 역사적으로 생각해 볼 수 있는 영남 제일의 길지라 할 수 있다.

11. 충남 아산(牙山)의 외암리(外岩里) 마을

　충남 아산군 송악면 외암리는 온양에서 남쪽으로 8㎞ 정도 떨어진 거리에 있으며 설화산(雪華山)과 광덕산(廣德山)이 굽어 보는 산간 분지에 위치하고 있다.

　마을의 남쪽으로는 작은 시냇물이 마을을 감싸고 돌아와 동구(洞口)에서 강당골 쪽으로부터 흘러내리는 냇물과 합류하여 평촌 방향으로 흐른다. 이 마을의 주산인 설화산은 태조산인 광덕산에서 뻗어내린 지맥이 북으로 오다가 송악과 온양 일대를 굽어 보고 있다.

　이 산은 주봉이 뾰족하게 솟아올라(441m) 사방에서 바라보아도 맑고 빼어난 지기가 서려 있어 이 산을 중심으로 많은 인재가 배출되었다. 이 마을은 전체적으로 완만한 평지로 주위에 여러 개의 작은 구릉에 의지한 전답이 있다. 마을의 서쪽 편에 해발 345m의 황산(荒山)의 연봉(連峯)이 병풍처럼 둘러져 있고 남쪽은 광덕의 풍요로운 가슴에 감싸여 골짜기마다 명승을 만들었다.

　이 마을에는 약 500년 전에 강씨(姜氏)와 목씨(睦氏) 등이 살았다고 한다. 조선 명종(明宗) 때 이정(李挺) 일가의 낙향 이주로 예안 이씨(禮安李氏) 세거가 시작되었으며 지금도 이 마을 63호수 중 37가구가 그의 후손들로 가장 많이 살고 있으며 기타 성씨가 약 26가구 정도 살고 있는 양반 마을로 아담하기 이를 데 없는 명당지라 할 수 있다.

　예안 이씨의 입향조인 이정의 6대손인 이동(李東)은 1677년(숙종3년), 이 마을에서 태어나 자(字)는 공학(公學), 호(號)는 추월헌(秋月

軒) 또는 외암(巍巖)이라 하였고 수암(遂庵) 권상하(權尙夏)의 문하에서 학문을 닦아 소위 강문 8학사(江門八學士)의 한 사람으로 인물동성론(人物同性論)을 주장, 성리학계에 일파를 형성하기도 한 유학자로 경연관(經筵官)을 거쳐, 회덕 현감, 충청도사(忠淸都事)등을 역임하고 영조 3년 1727년에 51세를 일기로 세상을 떠났다.

정조는 이조참판, 성균관 제주를 증직하고 순조 때는 이조판서를 추증하고 시호를 문정공이라 하였다. 이 마을은 이동 선생의 호를 따서 처음엔 외암리(巍巖里)라고 부르다가 뒤에 같은 어음(語音)인 외암리(外岩里)로 개칭되었다고 한다.

외암 선생은 학자로서 뿐만 아니라 문중의 정신적 지주로 추앙되어 마을 근처에 선생의 사당과 서원이 있고 출중한 후손들이 속출하였다고 한다.

제 12 장

조선왕릉(朝鮮王陵)의 형식

1. 형식(形式)

조선의 왕릉은 주산에서 이어져 내린 맥의 중허리 혈처에 봉분을 만들고 좌우에는 청룡과 백호를 이루고 먼리 안산을 바라보는 것이 대부분이다. 능 입구에 홍살문(紅살門)이 있고 돌다리를 건너면 정자각(丁字閣)이 있으며 정자각 앞 동서 양쪽 수복방과 동쪽에 비각이 있다. 봉분은 호석을 두르고 석난간을 세웠으며 앞에는 상석(床石)과 장명등을 두고 좌우에 망두석을 세웠다. 석난간 바깥에는 석양(石羊), 석호(石虎)를 배치하고 능을 수호하는 형상을 이루었으며 봉분의 후면과 좌우면 동·서·북 3면에 곡담을 설치하였다. 그리고 봉토 앞 한층 낮은 제1단에 문인석, 제2단에 무인석 각 1~2쌍을 세우고 그 뒤에 석마(石馬)를 배치하였다.

금곡에 있는 홍릉과 유릉은 광무 이후 황제라 칭하던 고종과 순종의 릉으로 중국 명나라 태조의 효릉(孝陵)과 같이 대문을 들어서면 좌우에 재실이 있고 참배로를 거쳐 침전이 있으며 말, 낙타, 코끼리, 사자, 기린 등의 석수와 홍살문을 배치하였다. 신도비는 고려시대에 성행하던 것으로 조선 문종 때 금지시켰다. 그리고 호석에는 12지 대신 모란문이나 연화문을 새기는 것이 인조의 장릉에서부터 나타난다.

태조 때는 석실을 사용하였으나 세조 이후 회격을 사용, 하나의 새로운 형식으로 자리잡게 되었다. 『오례의(五禮儀)』, 『천전의(遷奠儀)』에 보면 능고는 난간 하지대석에서 9척이고, 지름은 25척, 주위는 78척 6촌이다. 『경국대전』에는 예조에서 해마다 역대 왕릉을 살피고 그 결과를 보고하도록 하는 등 관리에 철저를 기했으며 능을 수호하기 위해 사찰을 정하였다. 태조 건원릉의 개경사, 정릉의 흥천사, 광릉의 봉선사, 영릉의 신륵사 등이 그것이다.

왕릉의 배치 형식을 보면 왕비나 왕 한쪽만 매장한 단릉과 왕과 왕비릉을 동원에 나란히 배치한 쌍릉 왕과, 왕비, 계비릉을 나란히 배치한 삼연릉(경릉), 남북으로 양릉을 배치한 형식(영릉, 의릉) 정자각 배후 좌우에 두 언덕을 모아 각 각릉을 쓴 동원 2강 형식, 부부 1봉으로 합장한 형식(영릉, 장릉) 등이 있다.

2. 동구릉(東九陵)과 서오릉(西五陵)

(1) 동구릉(東九陵)

동구릉은 경기도 구리시 동구동에 있다. 이곳은 태조 이성계가 유명한 풍수 이론가인 무학대사에게 자신과 후손이 함께 묻힐 족분(族墳)의 적지를 찾도록 하여 정한 것이란 설이 있으나 사실(史實)에 따르면 태조 승하 후 태종(太宗)의 명을 받아 서울 근교의 길지를 물색하다가 검교참찬(檢校參贊) 의정부사(議政府事) 김인귀(金仁貴)의 추천을 받아 당대 권신이요, 대지리학자인 하륜(河崙)이 현장을 답사하고 정했다고 한다. 동구릉이란 말은 익종(翼宗, 제23대 순조의 원자)의 유릉이 9번째로 지금의 안산(安山)에서 천봉(遷奉)되던 철종 6년, 1855년 8월 26일 이후의 일이며 그 이전에는 동오릉, 동칠릉으로 불렸던 사실이 실록에 전한다. 동구릉의 지세는 마치 일월(日月)이 서로 감싸안은 것과 같은 천장지비(天藏地秘)의 대길지라 한다. 동구릉의 능배치도 및 능호와 묘호는 다음과 같다.

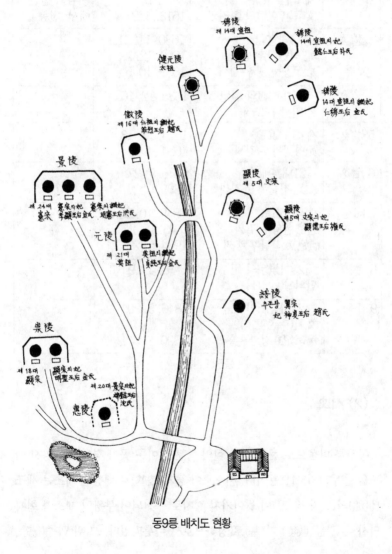

동9릉 배치도 현황

陵號	廟號	奉安日	備考
1 健元陵	太祖	1408. 9. 9	
2 顯陵	제5대文宗 文宗妃 현덕왕후 권씨	1452. 9. 1513. 4. 21.	지금의 안산 에서 천봉
3 穆陵	제14대宣祖 妃 의인왕후 박씨 繼妃 인목왕후 김씨	1630. 11. 21. 1600. 12. 2. 1632. 10. 6.	
4 徽陵	제16대仁祖의 繼妃 장열왕후 조씨	1688. 12. 16.	
5 崇陵	제18대顯宗 妃명성왕후 김씨	1674. 12. 13. 1684. 4. 5.	
6 元陵	제21대英祖 繼妃 정순왕후 김씨	1776. 7. 27. 1805. 6. 20.	
7 景陵	제24대憲宗 妃 효현왕후 김씨 繼妃 효정왕후 홍씨	1849. 10. 28. 1843. 12. 2. 1904. 1. 29.	
8 惠陵	제20대景宗의 妃 단의왕후 심씨	1718. 4. 19.	
9 유陵	제23대純祖의 元子 文祖(추존翼宗) 翼宗妃효정왕후홍씨	1846. 5. 20. 1890. 8. 30.	

동구릉 현황

(2) 서오릉

동구릉 다음으로 큰 조선 왕실의 족분을 이룬 곳이 경기도 고양시 신
도읍 용두리의 서오릉이다. 서오릉이 능기(陵基)로 택정된 시초는 세조
(世祖)의 원자 장(璋)이 돌아가자 길지로 추천되어 부왕인 세조가 현지
답사 후 경릉(敬陵) 기(基)로 정하므로서 비롯되었다. 그 뒤 덕종(德宗,

원자 장이 추존됨)의 아우인 제8대 예종(睿宗)과 그의 계비 안순왕후
(安順王后) 한씨(韓氏)의 능인 창릉(昌陵)이 들어서고 숙종(肅宗) 비
(妃) 인경왕후(仁敬王后)의 익릉(翼陵)과 숙종과 그의 계비 인현왕후
(仁顯王后) 민씨(閔氏), 인원왕후(仁元王后) 김씨(金氏)의 능인 명릉(明
陵), 제21대 영조비(英祖妃) 정성왕후(貞聖王后)의 홍릉(弘陵)이 들어
서면서 서오릉이란 이름이 붙여졌다. 이 곳에는 이 오릉 외에 명종(明
宗)의 제1자 순회세자(順懷世子)의 순창원(順昌園)이 경내에 있고 숙종
의 후궁 장희빈의 대빈묘(大嬪墓)도 서오릉 경내에 있다.

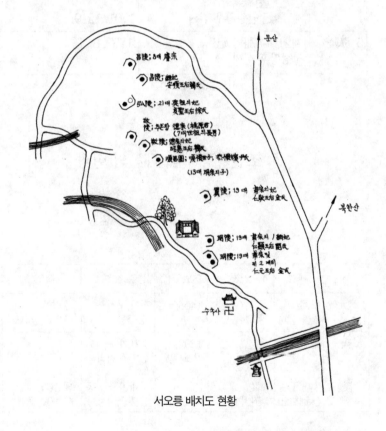

서오릉 배치도 현황

陵號	廟號	奉安日	備考
1 敬陵	제7대世祖의長男 추존 德宗 德宗妃 소혜왕후 한씨	1457. 11. 24. 1504. 5.	
2 昌陵	제8대睿宗 繼妃 안순왕후 한씨	1470. 2. 5. 1499. 2. 14.	
3 翼陵	제19대肅宗의 元妃 인경왕후 김씨	1681. 2. 22.	
4 明陵	제19대肅宗 繼妃 인현왕후 민씨 제2繼妃 인원왕후 김씨	1720. 10. 21. 1701. 12. 9.	
5 弘陵	제21대英祖의 妃 정성왕후 서씨	1757. 6. 4.	

서오릉(西五陵) 현황

3. 조선왕릉(朝鮮王陵)의 현황

陵號	廟號	形式	造成年代	所在地	備考
1 健元陵	太祖 癸坐丁向	單陵,石室, 太宗 8년	1408,	경기,구리, 동구동	李成桂 (1335-1408)
齊陵	神懿王后	單陵,	1392, 太祖원년	경기,개풍, 상도,풍천리	
貞陵	神德王后 (太祖繼妃)	單陵, 庚坐甲向	1397,1, 1409,2,	서대문구,정동 성북구,정릉동	태종6년 태종9년 移葬

陵號	廟號	形式	造成年代	所在地	備考
2 厚陵	定宗	癸坐酉向	1420, 1,3	경기,개풍, 홍교,홍교리	세종2년
	定安王后		1412,8,8		태종12년
3 獻陵	太宗	雙陵 乾坐巽向	1422, 9,6	서초구,내곡동	세종4년
	元敬王后		1420,9,17		세종2년
4 英陵	世宗	合葬 同陵異室 子坐午向	1450,6, 1446,7,	헌릉 서쪽 경기,여주, 능서,왕대리	魂遊石2坐를 놓아 兩位표시
	昭憲王后		1469,3,6 睿宗원년遷奉		
5 顯陵	文宗	癸坐丁向 同原異剛 (左剛)	1452,9,1		文宗2년
	顯德王后	寅坐申向	1513,4,21 中宗8년천장	경기,구리, 동구동	1441, 9, (세종 23년) 경기도 안산 초장 천장(昭陵)
6 莊陵	端宗	單陵 辛坐乙向	1457,10,24	강원,영월, 영월, 영흥리	世祖2년
思陵	定順王后	單陵 癸坐丁向	1521,6,4 1698,11,	경기,남양주, 진건, 사릉리	中宗16년 肅宗24년復位
7 光陵	世祖	子坐午向 同原異剛 (右剛)	1468,11,28	경기,남양주, 신섭,무평리	世祖14년
	貞熹王后	丑坐未向	1483,6,12		成宗14년

陵號	廟號	形式	造成年代	所在地	備考
敬陵	德宗	艮坐坤向 同原異剛	1457,11,24	경기,고양, 신도읍 서오릉	世祖3년
	昭惠王后	癸坐丁向	1471,1, 1504,5, 봉릉		成宗2년 연산군 10년
8 昌陵	睿宗	艮坐坤向 同原異剛 (左剛)	1470,2,5	경기,고양, 신도읍 서오릉	成宗원년
	繼妃 安順王后	艮坐坤向	1499,2,14		연산군5년
恭陵	章順王后	單陵 戌坐辰向	1462,2,25 1472,1, 봉릉	경기,파주, 조리,봉일천리	世祖8년 成宗3년
9 宣陵	成宗	壬坐丙向 同原異剛 (左剛)	1495,4,6	강남구, 삼성동	연산군원년
	繼妃 貞顯王后	艮坐坤向	1530,10,29		中宗25년
順陵	恭惠王后	單陵 卯坐酉向	1474,6,7	경기,파주, 조리,봉일천리	成宗5년
10 靖陵	中宗	單陵 乾坐巽向	1545,2, 1562,9,4 천장	경기,고양, 원당리 강남구, 삼성동	仁宗원년 明宗17년
溫陵	中宗妃 端敬王后	單陵 亥坐巳向	1557,12,7 1750,5,봉릉	경기,양주, 장흥,일영리	明宗12년 英祖15년
禧陵	單陵 長敬王后	艮坐坤向	1515,4, 1537,9,천장	서초구,내곡, 헌릉,우강 경기,고양, 서삼릉	中宗10년 中宗32년
泰陵	繼妃 文定王后	單陵 亥坐巳向	1565,7,15	도봉구,공릉동	明宗20년

陵號	廟號	形式	造成年代	所在地	備考
11孝陵	仁宗	雙陵 艮坐坤向	1545,10,15	경기,고양, 원당,서삼릉	仁宗원년
	仁聖王后		1578,2,15		宣祖11년
12康陵	明宗	雙陵 亥坐巳向	1567,9,22	도봉구, 공릉동	明宗22년
	仁順王后		1575,4,28		宣祖8년
13穆陵	宣祖	單陵 酉坐卯向 同原異剛 壬坐丙向	1608,6, 1630,11,21 천봉	경기,구리, 동구릉 건원릉제2강	宣祖41년 仁祖8년
	懿仁王后	左剛 壬坐丙向	1600,12,22		宣祖33년
	仁穆王后	左剛 甲坐庚向	1632,10,6		仁祖10년
14 追 章陵	元宗	雙陵 子坐午向	1627,5,8 양주군,장리서 천봉 1625,5,18 봉릉	경기,김포, 풍무리	仁祖5년 仁祖4년
	仁獻王后		1632,봉릉		仁祖10년
15長陵	仁祖	合葬 子坐午向	1649,	경기,파주, 운천리	仁祖27년
	仁烈王后		1636, 1731,8,30천봉	파주,탄현리 합장	仁祖14년 英祖7년
徽陵	仁祖繼妃 莊烈王后	單陵 酉坐卯向	1688,12,16	경기,구리, 동구릉	肅宗14년
16寧陵	孝宗	雙陵 子坐午向	1659,10, 1673,10,7 천봉	동구릉내 경기,여주, 능서,왕대리	孝宗10년 현종14년
	仁宣王后		1674,6,4		현종15년
17崇陵	顯宗	雙陵 酉坐卯向	1674,12,13	구리,동구릉내	顯宗15년
	明聖王后		1684,4,5		肅宗10년

陵號	廟號	形式	造成年代	所在地	備考
18明陵	肅宗	雙陵 甲坐庚向	1720,10,20	고양,신도읍 서오릉	肅宗46년
	繼妃 仁顯王后	同原異剛 甲坐庚向	1701,12,9		
	繼妃 仁元王后	單陵 右剛 乙坐申向	1757,7,12		英祖33년
翼陵	仁敬王后	單陵 丑坐未向	1681,2,22		肅宗7년
19懿陵	景宗	雙陵 申坐寅向	1724,12,16	성북,석관동	景宗4년
	繼妃 宣懿王后		1730,10,19		英祖6년
惠陵	端懿王后	單陵 酉坐卯向	1718,4,19 1722,9,봉릉	경기,구리, 동구릉	肅宗44년 景宗2년
20元陵	英祖	雙陵 亥坐巳向	1776,7,27	구리,동구릉	英祖52년
	繼妃 貞順王后		1805,6,20		純祖5년
弘陵	貞聖王后	單陵 乙坐辛向	1757,6,4	경기,고양, 서오릉	英祖33년
追 永陵	眞宗 (영조원자)	雙陵 乙坐辛向	1729,1,26 1777,봉릉	파주,봉일천 공순영릉내	英祖5년 正祖즉위년
	孝順王后		1752,1,22 1777, 봉릉		英祖28년 正祖즉위년
追 隆陵	莊祖 (사도세자) 敬懿王后	合葬 癸坐丁向	1899,10,봉릉	경기,화성, 태안,안영리	高宗광무3년

陵號	廟號	形式	造成年代	所在地	備考
21健陵	正祖	單陵合葬 子坐午向	1800.11.6	화성,태안, 안영리	正祖24년
	孝懿王后		1821.9.13 천봉	隆陵東剛	純祖21년
22仁陵	純祖	單陵合葬 子坐午向	1835.4.19	교하 구치후	憲宗원년
			1856.10.11 천봉	서초구내곡동	哲宗7년
	純元王后		1857.12.17	"	철종8년
追 유陵	翼宗 (순조원자)	單陵	1830.8.4	성북구,석관 의능좌강	純祖30년
		壬坐丙向	1835.5.19봉릉 1855.8.26천봉		憲宗즉위년 哲宗6년
	新貞王后	合葬 酉坐卯向	1890.1.22	동구릉내	고종27년
23景陵	憲宗	三連陵 酉坐卯向	1839.10.28	동그릉내	憲宗5년
	孝顯王后	庚坐甲向	1843.12.2		헌종9년
	繼妃 孝定王后	"	1904.1.		고종광무8년
24睿陵	哲宗	雙陵 子坐午向	1864.4.7	서삼릉내	고종원년
	哲仁王后		1878.9.		고종15년
25洪陵	高宗	單陵 合葬 乙坐辛向	1919.3.	남양주,미금읍 금곡리	
	明成皇后		1885.10. 1919.3.천봉	동대문구, 청량리	고 종22년

陵號	廟號	形式	造成年代	所在地	備考
26裕陵	純宗	單陵 合葬 卯坐酉向	1926.4.25	남양주.미금읍 금곡리	
	純明孝皇后		1905.10.	성동구.능동	고종광무 9년
	繼妃 純貞皇后		1966.		

■ 참고문헌

1.명당전서(明堂全書), 서선술 · 서선계 저, 한송계 역

2.명당론(明堂論), 장용득

3.조선의 풍수, 촌산지순(村山智順) 저 , 최길성 역

4.한국의 명당, 김호연

5.풍수지리총론, 김대은

6.풍수지리, 홍순영

7.청오경(靑烏經), 漢代, 靑烏

8.금낭경(錦囊經), 晋代, 곽박(郭璞)

9.지리신법(地理新法), 明代, 호순신(胡舜申)

10.명산론(名山論), 채성우(蔡成禹) 편저

11.지리대전(地理大典), 明代, 추정유(鄒廷猷)

12.인자수지(人子須知), 明代, 서서술 · 서선계 편

13.도선비결(道仙秘訣),

14.설심경(雪心鏡), 손감묘결(巽坎妙訣),

15.팔역지(八域誌), 李重煥

16.주역강해(周易講解), 김석진

17.수맥과 풍수, 임응승

18.조선왕조실록,

19.능지(陵誌),

20.지리정경(地理正經), 임진철(林震喆)

21.조선왕릉(朝鮮王陵), 문화재관리국

22 국사대사전(國史大事典), 이홍직

23 한국의 풍수사상, 최창조

24 하회마을조사보고서 , 문화재관리국

25 윤도장(輪圖匠), 국립문화재연구소

26 율곡학(栗谷學) 제2집, 율곡사상연구원

27 묘지풍수, 최전권

28 조선왕릉 석물지(石物誌), 은광준

29 한국의 자연, 문화재관리국

30 신한국 풍수, 최영주

31 양동마을 조사보고서, 경상북도

32 한국 민속조사보고서, 문화재관리국

33 지정문화재목록, 문화재관리국

34 왕궁사(王宮史), 이철원(李哲源)

35 창덕궁, 열화당

36 산서요집(山書要集), 신현일(申鉉一)

37 도선답산가(道詵踏山訶),

38 창경궁 안내서, 창경궁사무소

39 경복궁 복원, 문화부

40 좋은 주택 좋은 배치, 임준

41 성공하는 집 실패하는 집, 羅宛慈 著, 송연미 역,

42 한국 상장례, 국립민속박물관

나도 풍수(風水)가 될 수 있다　　값 10,000원

초판 제1쇄 인쇄 2001년 7월 30일

초판 제1쇄 발행 2001년 8월 15일

著　者　洪淳泳

發行人　許萬逸

發行處　華山文化

994년 12월 18일 등록, 제 2 -1880호

서울 종로구 통인동 6, 효자상가 Apt 201호

전화 02) 736 - 7411~2 팩스 736 - 7413

© 홍순영, 2001

ISBN 89 - 86277- 44-1 03440

※ 잘못된 책은 바꾸어 드립니다